O MITO DO NASCIMENTO DO HERÓI

UMA INTERPRETAÇÃO
PSICOLÓGICA DOS MITOS

O livro é a porta que se abre para a realização do homem.

Jair Lot Vieira

OTTO RANK

O MITO DO NASCIMENTO DO HERÓI

UMA INTERPRETAÇÃO PSICOLÓGICA DOS MITOS

TRADUÇÃO E NOTAS:
Constantino Luz de Medeiros
Doutor em Teoria Literária pela Universidade de São Paulo

Copyright da tradução e desta edição © 2015 by Edipro Edições Profissionais Ltda.

Todos os direitos reservados. Nenhuma parte deste livro poderá ser reproduzida ou transmitida de qualquer forma ou por quaisquer meios, eletrônicos ou mecânicos, incluindo fotocópia, gravação ou qualquer sistema de armazenamento e recuperação de informações, sem permissão por escrito do editor.

Grafia conforme o novo Acordo Ortográfico da Língua Portuguesa.

1ª edição, 1ª reimpressão 2020.

Editores: Jair Lot Vieira e Maíra Lot Vieira Micales
Coordenação editorial: Fernanda Godoy Tarcinalli
Editoração: Alexandre Rudyard Benevides
Revisão: Vânia Valente
Capa: Marcela Badolatto – Studio Mandragora

Dados Internacionais de Catalogação na Publicação (CIP)
(Câmara Brasileira do Livro, SP, Brasil)

Rank, Otto, 1884-1939.
    O mito do nascimento do herói: uma interpretação psicológica dos mitos / Otto Rank; tradução e notas de Constantino Luz de Medeiros. – São Paulo: Cienbook, 2015.

    Título original: Der Mythos von der Geburt des Helden: Versuch einer psychologischen Mythendeutung (1922)

    ISBN 978-85-68224-02-1

    1. Mito 2. Psicanálise I. Medeiros, Constantino Luz de. II. Título.

15-04097   CDD-150.195

Índice para catálogo sistemático:
1. Mito : Psicanálise : Psicologia : 150.195

São Paulo: (11) 3107-4788 • Bauru: (14) 3234-4121
www.cienbook.com.br • edipro@edipro.com.br
@editoraedipro @editoraedipro

SUMÁRIO

Apresentação 7
Nota prévia à segunda edição 9
Nota prévia à primeira edição 12
I 13
II 27
    Sargão 28
    Moisés 29
    Karna 33
    Édipo 36
    Paris 38
    Télefo 40
    Perseu 41
    Dionísio 41
    Gilgamesh 44
    Ciro 44
    Tarkhan 57
    Rômulo 58
    Hércules 62
    Jesus 64
    Sigfrido 70
    Tristão 72
    Lohengrin 74
    Sceaf 77
III 79

APRESENTAÇÃO

Otto Rank, nascido em Viena (1884), foi um expoente psicanalista e psicólogo austríaco que participou do círculo íntimo de Sigmund Freud, tendo sido durante muito tempo, nos anos de formação do movimento psicanalítico (1906-1926), seu mais próximo colaborador.

Em 1911, incentivado e apoiado por Freud, doutorou-se em Filosofia pela Universidade de Viena, com a tese *Die Lohengrinsage: Ein Beitrag zu ihrer Motivgestaltung und Deutung* [A saga Lohengrin], a primeira tese de doutorado embasada nos estudos freudianos.

Essa estreita colaboração com Freud resultou na elaboração de dois capítulos sobre mitos e lendas inclusos nas edições de *A interpretação dos sonhos*, publicadas entre 1914 e 1922, intitulados *Os sonhos e a literatura criativa* e *Sonhos e Mitos*.

Tornou-se redator da revista *Imago*, e depois da *Revista Internacional de Psicanálise*, dirigindo a partir de 1919 a Editora Internacional de Psicanálise, na qual participou da edição das *Obras Completas* de Freud.

Em 1924, retornando de Nova York como um membro honorário da Associação Americana de Psicanálise, Rank iniciou o rompimento com a psicanálise ortodoxa, e enfrentou críticas por parte da sociedade freudiana devido a sua obra *O trauma do nascimento*, inicialmente elogiada pelo próprio Freud. No mesmo momento, desenvolveu uma psicoterapia mais ativa e igualitária ao lado de Sándor Ferenczi.

Rivais conservadores do círculo íntimo de Freud colaboraram, entre outras razões, para o estremecimento entre ambos, que culminou no rompimento definitivo em 1926, com a publicação de *Perspectivas da Psicanálise*, seguido pela mudança de Rank para a França.

A partir de 1926 passou então a viver em Paris, onde atuou como psicoterapeuta, inclusive de notáveis artistas, e lecionou na Sorbonne. Nesse período visitou os EUA diversas vezes, até se mudar definitivamente para Nova York em 1935.

Do período em que se deu o rompimento com Freud até a sua morte – ocorrida um mês após a morte de Freud, em Nova York (1939), aos 55 anos, devido a uma reação medicamentosa –, Rank construiu uma carreira de sucesso como terapeuta, palestrante, professor e escritor, deslocando-se frequentemente entre a França e os EUA.

As suas ideias provocaram diferentes reações naqueles que o conheceram. E embora tenha sido aviltado pela comunidade freudiana, sua experiência com a arte, a música, a literatura, a antropologia, a história, a ciência e a filosofia fizeram que proeminentes psicólogos, psiquiatras, filósofos e artistas colaborassem para despertar a atenção sobre seu trabalho para um público mais vasto, com interesses em psicoterapia, criatividade, artes, psicologia humanista e filosofia.

Otto Rank ficou respeitado por expandir a teoria psicanalítica e por contribuir para o desenvolvimento mais profundo e mais amplo das ciências sociais, tornando-se inovador com a psicologia interpessoal e existencial, e suas contribuições que abordam arte, mito, religião, educação, vontade e alma.

Entre suas obras de maior sucesso está *O mito do nascimento do herói* – publicado originalmente em 1909, em alemão –, que reúne interpretações psicanalíticas de contos presentes na mitologia. No intuito de compreender a psique humana, Rank, como Freud, analisou a questão da realização simbólica do desejo reprimido ao comparar sonhos cotidianos a mitos como o de Édipo e o de Moisés.

Alguns anos mais tarde, Rank preparou uma segunda edição expandida desta obra – publicada em 1922 –, à qual acrescentou suas últimas descobertas nos campos da psicanálise, da mitologia e da etnologia, reunindo considerações antropológicas dos povos primitivos e civilizados aos da mitologia, extensas discussões sobre sonhos, e ampliou seu propósito inicial de interpretar os mitos como sonhos coletivos.

No início do século XX, período em que os psicólogos começavam a tentar decifrar os mistérios da psique humana por meio da mitologia, Rank foi um dos primeiros estudiosos a explorar esse campo, que viria a se desenvolver posteriormente com Jung, Campbell e outros.

Ademais, por meio de um rico material histórico, ele compara os estereótipos de lendas de heróis e seus fundamentos psicológicos, e inaugura, assim, uma inovadora aplicação do método psicanalítico à mitologia comparada, enfatizando as semelhanças entre mitos, lendas e folclore nas diversas culturas.

Neste estudo, Rank buscou explicar sua tese a partir do que acreditava serem fenômenos psicológicos universais, tendo por base uma grande variedade de narrativas de figuras lendárias, às quais aplicou a metodologia clássica da psicanálise freudiana.

A partir de uma ampla variedade de fontes, Rank enumera diversos contos que inauguraram tradições em torno de seus heróis, e que despertaram a atenção de muitos pesquisadores ao longo dos tempos, e coloca todos esses mitos "no divã".

Os editores

NOTA PRÉVIA
À SEGUNDA EDIÇÃO[1]

Durante o longo período desde a primeira publicação deste trabalho, a doutrina de conceitos psicanalíticos – em constante desenvolvimento – realizou enormes progressos, cuja apreciação, no que concerne nosso tema, parece seguir em duas direções.

Por um lado, essa primeira tentativa de uma interpretação realmente psicológica dos mitos provou-se inteiramente legítima e elucidativa para a compreensão de outras relações, tornando-se, como apropriação segura de nosso conhecimento da vida psíquica humana, o fundamento de outros trabalhos semelhantes – especialmente do autor.

Por outro lado, também trouxe soluções – tanto em conhecimentos psicanalíticos, como no material folclórico – para alguns temas e problemas, para os quais, em seu tempo, não se achava uma explicação completa. Pelo fato de que essas soluções se inseriram tão bem no âmbito das concepções fundamentais inalteradas, no contínuo crescimento de nossa área, é necessário chamar a atenção aqui para algumas delas.

O significado especial de nosso ponto de vista reside no fato de que ele possibilita uma nova compreensão sobre um tema central no mito do herói: o *totemismo*, cujo esclarecimento psicanalítico realizado por Freud nos permitiu reconhecer o tema dos "animais solícitos", pouco compreendido anteriormente, como o romance familiar do homem dos tempos primitivos.

Nesse contexto, deve-se acentuar que, por meio da investigação sobre determinados aspectos da psicologia coletiva, do modo como Freud os introduziu em sua obra *Totem e Tabu* (1913), fomos capazes de compreender

---

1. Esta tradução baseia-se na 2ª edição da obra original, de 1922. As nossas notas de tradução foram incorporadas e complementadas com referências originariamente apresentadas no corpo da obra. Assim como foram complementadas informações nas notas originais do autor. (N.T.)

melhor o momento da história primitiva e coletiva. Assim, ao lado dos elementos individuais e fantásticos na criação dos mitos, levou-se em consideração, mais do que anteriormente, os fatores reais e culturais (ver p. 101). Com esse intuito, foi necessário empregar além do material mitológico, as informações etnográficas – tanto dos povos de cultura, como dos povos naturais – como, por exemplo, utilizamos os costumes primitivos do abandono de crianças e o respectivo simulacro de abandono, de modo a compreender o tema da salvação [*Rettungsmotiv*] na lenda de Moisés; assim como a superstição, e a questão da *placenta humana*, para a interpretação da simbologia do nascimento (p. 89).

Além desses e de outros complementos no âmbito histórico-cultural, a obra também passou por um aprofundamento e expansão, no sentido estritamente psicológico. O núcleo do mito do abandono, isto é, o nascimento na água, adquiriu uma base tão ampla – por meio das informações detalhadas a partir dos chamados "sonhos de nascimento" (p. 78-88), das crenças infantis dos adultos (p. 87-91), e do simbolismo do mundo antigo (p. 89 ss.) – que se mostrou capaz de fundamentar outra obra de interpretação psicológica do mito.

Procurou-se, sobretudo, apresentar as lendas do dilúvio [*Sintflutsage*] – as quais foram apenas mencionadas na primeira edição – em seu devido contexto, com seus prolongamentos (o mito do engolido) e variações (contos de fadas, p. 118) – mesmo que com isso a continuidade do tema principal tenha sido interrompida.

Finalmente, as elucidações individuais e psicológicas, inseridas no final da obra, foram realizadas de um modo mais sólido, e explicadas com referência à fantasia de salvação que complementa o romance familiar.

O material dos mitos de herói propriamente dito foi apenas um pouco ampliado, como nos exemplos de *Dionísio* (p. 44), *Kullervo*, esse interessante precursor de *Hamlet* (p. 58), *Tarkhan* (p. 60) e *Tristão* (p. 75); do mesmo modo, buscou-se complementar as narrativas de *Sargão* (p. 31) e *Moisés* (p. 32).

Esta obra, lançada treze anos atrás pelo autor (1908), foi publicada em língua inglesa, no ano de 1913, no *Journal of Nervous and Mental Disease* [Jornal de doenças nervosas e mentais], em edição expandida e melhorada, traduzida pelos doutores Robbins e Jelliffe (edição do livro em "Nervous and Mental Disease Monograph Series". [Série "Doenças Nervosas e Mentais"], n. 18, Nova York, 1914).

No começo de 1915 o Professor Doutor M. Levi-Bianchini (Salerno) planejou uma tradução italiana, a qual, todavia, em razão do contexto de guerra, apenas foi lançada pouco tempo atrás ("Biblioteca Psicanalítica Italiana", n. 4, Nocera Inferiore, 1921); o texto utilizado como base pela edição italiana foi o mesmo que a edição americana.

Mas, em contraste com seu sucesso exterior, é preciso constatar que, no campo especializado da ciência, ao qual ela deveria servir, até agora a obra permaneceu um tanto incompreendida. Apesar disso, até o momento o autor não conheceu nenhuma voz dissonante que pudesse contradizer a obra. Ao contrário, nas poucas vezes em que a ciência oficial esboçou qualquer aproximação aos pontos de vista aqui apresentados, tornou-se perceptível uma espécie de cautela que é testemunha de uma estranha forma de interpretação da pesquisa científica, cuja extinção aguardamos com paciência.

Desse modo, não deve ser interpretado como um ato de arrogância o fato de se indicar ao leitor interessado em seguir as ideias articuladas neste trabalho outras obras mitológicas do autor publicadas até agora, especialmente: *Die Lohengrinsage* [A lenda de Lohengrin], (1913); *Das Inzestmotiv in Dichtung und Sage* [O tema do incesto na poesia e nas lendas], (1912); e *Psychoanalytische Beiträge zur Mythenforschung* [Contribuições psicanalíticas para a pesquisa de mitos], (1919).

Mödling, verão de 1921

Dr. Otto Rank

NOTA PRÉVIA
À PRIMEIRA EDIÇÃO

A presente investigação agradece seu surgimento à sugestão do Professor Freud, ao qual sinto-me na obrigação de agradecer perante o público, por seu apoio e pela constante participação no desenvolvimento do trabalho.

Viena, natal de 1908

O autor

Quase todos os povos civilizados importantes, como os babilônios, os egípcios, os israelitas, os hindus, os iranianos, os persas, os gregos, os romanos, os teutônicos, e outros, deixaram-nos tradições nas quais glorificam desde cedo seus heróis, reis e príncipes lendários, fundadores de religiões, dinastias, reinos e cidades, em suma, seus heróis nacionais, por meio de numerosos relatos poéticos e lendas. *A história do nascimento e da juventude desses seres superiores*[2] surge especialmente investida de traços fantásticos, cuja semelhança assombrosa e mesmo a concordância parcial nos diferentes povos, separados por longas distâncias e inteiramente independentes uns dos outros, são conhecidas há muito tempo, sendo objeto de admiração de diversos pesquisadores.

A questão sobre o fundamento de tais analogias tão amplamente difundidas por meio dos traços essenciais das narrativas míticas, os quais tornam-se ainda mais enigmáticos pela concordância de certos detalhes e por sua aparição em quase todos os grupos míticos, tornou-se um dos problemas centrais da pesquisa sobre mitos, permanecendo um problema até hoje. É possível agrupar em três pontos de vista centrais as teorias mitológicas que se dedicaram a dar uma explicação para essas estranhas manifestações:[3]

---

2. Traduziu-se Übermenschen por "seres superiores". O termo Übermensch pode também ser traduzido como "super-homem", "além do homem", como surge na obra do filósofo Friedrich Nietzsche (1844-1900) *Assim falou Zaratustra*, publicada em 1883. Para Nietzsche, esses seres superiores, Übermenschen, surgem como um repúdio a qualquer norma, como uma espécie de antítese à mediocridade e à estagnação do espírito humano, representando um ataque ao conceito de homem normal. Por outro lado, o Übermensch do filósofo alemão remonta ao *hyperantrophos* que já se encontrava inserido nos escritos do poeta cômico Luciano de Samósata (125-180 d.C.) [todos os itálicos são do autor]. (N.T.)

3. É possível encontrar um panorama breve e bastante completo sobre as teorias gerais da mitologia e seus principais representantes na obra de Wilhelm Wundt, *Völkerpsychologie* [Psicologia dos povos], no segundo volume, intitulado *Mythus und Religion* [Mito e Religião], na primeira parte (Leipzig, 1905, p. 527).

1. A "ideia de povo" proposta por Adolf Bastian[4], ou seja, a teoria dos *pensamentos elementares* [*Elementargedanken*], segundo a qual a concordância dos mitos é uma consequência necessária da disposição uniforme do espírito humano, e, de certo modo, da semelhança de sua atividade em todas as épocas e lugares. Essa interpretação foi expressamente defendida por Adolf Bauer[5] para explicar a ampla difusão de nossos mitos de heróis;

2. da explicação que se baseia no princípio da comunidade originária, utilizada pela primeira vez por Theodor Benfey[6] para descrever as formas paralelas dos contos de fadas. Segundo esse princípio, os contos de fadas surgiram em um ponto propício da terra (Índia), sendo assimilados primeiramente pelos povos de parentesco originário (ou seja, os indogermanos), após o que continuaram a se desenvolver, ainda que mantendo os traços comuns originários e, finalmente, irradiaram por toda a terra. Rudolf Schubert[7] utilizou essa explicação para justificar a ampla divulgação dos mitos de heróis;

3. da teoria moderna da migração ou empréstimo, segundo a qual os mitos individuais surgem de determinados povos (especialmente dos babilônios) e, por meio da transmissão oral (o comércio etc.) ou a influência literária, são assimilados por outros povos.[8]

Pode-se facilmente demonstrar que a teoria moderna da migração e empréstimo é apenas uma modificação da teoria de Benfey, ocorrida em razão da influência de materiais incompatíveis. As extensas investigações de novos pesquisadores demonstram que são os babilônios e não os hindus que devem ser vistos como a pátria originária dos mitos, e que, aliás,

---

4. BASTIAN, Adolf (1826-1905), etnólogo alemão, considerado um dos fundadores da antropologia alemã, é conhecido por sua teorização sobre uma "unidade psíquica da humanidade", na qual o estudioso afirma que os homens de diferentes lugares têm ideias semelhantes graças a mesma estrutura mental. A obra *Das Beständige in den Menschenrassen um die Spielweise ihrer Veränderlichkeit* [O constante na raça humana e os modos de sua alteração] foi publicada em 1868. (N.T.)

5. BAUER, Adolf (1855-1919), historiador da Antiguidade. A obra *Die Kyrossage und Verwandtes* [A lenda de Ciro e dos parentes], foi publicada em 1882 como tese de doutorado na Academia de Ciências de Viena. (N.T.)

6. BENFEY, Theodor (1809-1881), estudioso alemão de Sânscrito, traduziu e publicou os cinco volumes com as fábulas e narrativas hindus do Pantschatantra em 1859. (N.T.)

7. SCHUBERT, Rudolf (1844-1924), historiador alemão da Antiguidade. A obra *Herodots Darstellung der Cyrussage* [A representação de Heródoto sobre a lenda de Ciro], Breslau, 1890. (N.T.)

8. Cf. STUCKEN, Eduard (1865-1936). *Astral Mythen*[Mitos astrais]. Leipzig, 1896-1907, especialmente a quinta parte, *Mose*. Ver também: LESZMANN, Heinrich. *Die Kyrossage in Europa*. Wiss. Beit. Z. Jahresbericht d. Städt Realschule zu Charlottenburg, 1906. (N.T.)

as narrativas míticas não irradiaram a partir de um único ponto, mas, ao contrário, viajaram indeterminadamente por sobre toda a terra habitada.[9] Desse modo, enquanto evidenciou-se a concepção da interdependência das estruturas míticas – uma ideia que Braun[10] difundiu como "lei fundamental da natureza da mente humana", ou seja, que "jamais inventa-se algo novo enquanto é possível copiar" – a teoria dos pensamentos elementares [*Elementargedanken*], defendida por Bauer há mais de 26 anos, parecia cair em desuso. Não apenas Schubert, o qual aparentava ser um adversário pessoal de Bauer, mas até mesmo os mais modernos pesquisadores, como Winckler[11] e Stucken[12], recusavam terminantemente essa ideia, permanecendo fiéis à teoria da migração e do empréstimo. Mesmo que em muitos casos essa teoria possa ser comprovada, ainda assim, nos casos em que ela não obtiver êxito é preciso determinar-se a aceitar outros pontos de vista, de modo a não obstruir a continuidade da pesquisa por meio do ponto de vista (em certo sentido anticientífico) de Winckler, geralmente tão benemérito, o qual afirma: "Quando encontramos seres humanos e seus artefatos, os quais correspondem exatamente uns aos outros, em pontos extremamente distantes da terra, devemos então concluir que eles devem ter migrado para lá. Não é necessário levar em consideração se sabemos como e quando isso ocorreu para a aceitação do fato"[13].

Não podemos reconhecer inteiramente a nítida oposição entre as diferentes teorias e seus representantes, pois, a teoria dos pensamentos elementares e o ponto de vista das posses originárias comuns e da migração ocupam o mesmo espaço. Na verdade, o problema principal não é saber de onde, e de que modo a matéria chegou a determinado povo, mas, de onde ela realmente se origina. Por intermédio das mencionadas teorias é pos-

---

9. "Assim que todas as concordâncias forem interpretadas como transmissões será possível ser transportado para o âmbito cuja cultura seja a mais antiga e respectivamente a origem da representação mítica. Essa concepção leva facilmente à hipótese da migração." (WUNDT, l. C., p. 509, notas).
10. BRAUN, Julius (1825-1869). *Naturgeschichte der Sagen. Rüchführung aller religiösen Ideen, Sagen, Systeme auf ihren gemeinsamen Stammbaum und ihre letzte Wurzel* [História natural das lendas]. Retomada de todas as ideias religiosas, lendas, sistemas a partir de seu tronco familiar comum e sua raiz primária, v. 2, München, 1864-1865.
11. WINCKLER, Hugo (1863-1913), arqueólogo e historiador alemão. (N.T.)
12. STUCKEN, Eduard (1865-1936), historiador alemão e estudioso da Antiguidade. (N.T.)
13. WINCKLER, Hugo. *Die Babylonische Geisteskultur in ihren Beziehungen zur Kulturentwicklung der Menschheit* [A cultura espiritual babilônica em sua relação com o desenvolvimento cultural da humanidade]. Coleção Ciência e Formação, Leipzig, 1907, v. 15, p. 47.

sível apenas esclarecer a diversidade e a propagação dos mitos, mas não sua origem. O fato de que até mesmo Schubert, o mais ferrenho oponente de Bauer, não pôde recusar totalmente esse ponto de vista pode ser constatado no fundamento e no resultado de seu livro: a saber, que toda essa multiplicidade de lendas remontam a um protótipo único e antiquíssimo. Mas, Schubert não sabe indicar a origem desse protótipo. Do mesmo modo, Bauer – o qual responde de um modo extremo às conclusões de Schubert[14] – inclina-se a aceitar essa concepção mediadora quando indica reiteradamente que, apesar das múltiplas origens das narrativas independentes, é preciso concordar com a teoria do empréstimo amplo e diversificado e a origem comum das concepções entre povos aparentados. Além desses testemunhos dos historiadores, um representante da mitologia moderna, Heinrich Lessmann, em seu escrito *Incumbências e objetivos da pesquisa comparada de mitos*[15], embora rejeite inteiramente a hipótese dos pensamentos elementares, também simpatiza com o ponto de vista do empréstimo, ao reconhecer que o parentesco primordial e o empréstimo não se excluem. No âmbito da etnologia, é digno de nota o juízo moderado do americanista Ehrenreich[16], falecido muito cedo, ao explicar "a migração, o empréstimo e o surgimento independente, igualitário e paralelo como desde sempre atuantes". Recentemente, Frazer[17] resumiu sua visão (fundamentada em um rico material) sobre esse problema – o qual relaciona-se exatamente com o círculo de mitos com os quais nos ocupamos aqui – ao considerar que seria tanto possível o empréstimo (reprodução), como a origem independente de uma raiz comum da imaginação popular (*popular imagination*). Ele se abstém de qualquer decisão, mas aponta para o fato de que as paralelas hindus, nas quais dificilmente pode-se pressupor um conhecimento das fontes semíticas, parecem corroborar mais a tese do surgimento independente.

---

14. *Zeitschrift für d. österr. Gymn* [Revista para o ginásio austríaco]. p. 161, 1891. A resposta de Schubert também se encontra nessa revista.
15. LESZMANN, Heinrich (1873-1916, historiador e mitólogo alemão). *Aufgaben und Ziele der vergleichenden Mythenforschung*, Mytholog [Incumbências e objetivos da pesquisa comparada de mitos]. Biblioteca Mitológica, Leipzig, 1908, v. I, caderno 4]. O autor publicou igualmente *Der deutsche Volksmund im Lichte der Sage* [O dito popular alemão à luz das lendas]. (N.T.)
16. EHRENREICH, Paul (1855-1914, antropólogo e etnólogo alemão; estudioso dos mitos americanos). *Die allgemeine Mythologie und ihre ethnol. Grundlagen* [A mitologia universal e seus fundamentos etnológicos]. Biblioteca Mitológica, v. IV, 1, Leipzig, 1910, p. 365.
17. FRAZER, James Georg (1854-1941, antropólogo, estudioso da mitologia e da religião comparada). *The Folk-Lore in the Old Testament* [O folclore popular no Velho Testamento]. Londres, 1919.

De acordo com nossa opinião, uma solução definitiva para essa questão, na medida em que seja possível almejá-la ou encontrá-la, apenas pode ser dada pela psicologia, a qual deve fundamentar-se nos materiais fornecidos pelos mitólogos, etnólogos e historiadores, cuja completa desorientação psicológica em suas pesquisas torna-se apenas uma vantagem, desde que eles não se arroguem nenhum juízo conclusivo. O esclarecimento psicológico do problema foi preparado por Wundt, o qual, aderindo à ideia das migrações e da complexa concordância de temas, afirmava: "A questão sobre tais misturas esporádicas é relativamente irrelevante para a imagem do pensamento dos povos primitivos, *porque apenas o que é permanente pode ser retido, aquilo que corresponde a seu próprio grau de pensamento mitológico*" (p. 62).[18] "Se os próprios temas não estivessem presentes, as leves recordações de narrativas passadas dificilmente seriam suficientes para reconfigurar a mesma matéria; mas, é exatamente por essa razão que tais temas podem produzir novos conteúdos, os quais coincidem em seus temas fundamentais, embora não possuam as mesmas associações."[19] Em todo caso, permanece o problema psicológico do surgimento do tipo de mito, cuja solução nos permite compreender a apropriação da matéria que ocorreu nos processos migratórios a partir de fundamentos precisos, e não apenas por mero divertimento.

Deixando de lado inicialmente a questão sobre o tipo de divulgação desses mitos, que foi a verdadeira ocupação dos denominados pesquisadores antigos, nos limitaremos a esclarecer a origem do mito do herói. Pois, a partir do material, tem-se a impressão – independentemente do posicionamento que se tenha em relação à origem dessas narrativas míticas – de que permanece uma insistente tendência em colocar arbitrariamente em um esquema todas as personalidades heroicas de uma determinada lenda de nascimento. Uma tendência que se exterioriza até mesmo entre diversos heróis de romances de nosso tempo. Com isso, a decisão entre migração ou reinvenção torna-se menos interessante e o problema da originalidade surge poderosamente em primeiro plano, como Ehrenreich, certamente por influência "lunar", resume na questão: "Por que razão heróis tão diferentes dos contos de fadas e dos mitos são gerados e nascem de forma tão mágica? Por que eles são depositados em

---

18. Todos os grifos do texto são do autor Otto Rank. (N.T.)
19. WUNDT, Wilhelm (1832-1920). *Völkerpsychologie. Eine Untersuchung der Entwicklungsgesetze von Sprache, Mythos und Sitte*. [Psicologia dos povos. Uma investigação sobre as leis do desenvolvimento da língua, mito e costumes]. v. II, parte 3, 1909, p. 285. (N.T.)

caixas, cestos, manjedouras, conchas, as quais são colocados frequentemente na água?".[20]

Tal busca pelos motivos psíquicos da formação dos mitos deve necessariamente dar explicações mais profundas sobre o conteúdo desses mitos do que acreditam os mitólogos limitados em seu horizonte profissional, os quais ainda preferem ver apenas o modo mitológico-natural de interpretação predominante nos processos naturais. O herói recém-nascido é como o jovem sol, que ao emergir da água é obstruído pelas nuvens em sua subida, mas que ao final sobrepuja todos os obstáculos.[21] Entre o método de explicação mítica dos primeiros representantes, que emprega os fenômenos atmosféricos naturais,[22] ou a compreensão dos novos pesquisadores, os quais entendem os mitos, em sentido restrito, como mitos astrais (principalmente Stucken, Winckler, entre outros), não há muita diferença, como acreditam os representantes dessas duas linhas. Não podemos igualmente observar nenhum progresso quando se combate a explicação solar, como principalmente Frobenius a defende,[23] passando-se ao argumento – como fez G. Hüsing em suas *Contribuições à lenda de Ciro*,[24] seguindo o ponto de vista estabelecido por Siecke[25] – de que todos os mitos tem origem lunar; opinião que Siecke também defendeu como a única legítima e evidente para fundamentar a concepção do mito do nascimento do herói.[26]

---

20. EHRENREICH, Paul. *Die allgemeine Mythologie und ihre ethnol. Grundlagen* [A mitologia universal e seus fundamentos etnológicos. Noções básicas]. Leipzig, 1910, p. 48.
21. BRODBECK, Adolf. *Zoroaster. Ein Beitrag Zur Vergleichenden Geschichte der Religion und Philosophischen Systeme des Morgen Und Abendlands* [Zoroastro. Uma contribuição à história comparada da religião e dos sistemas filosóficos do Ocidente e do Oriente]. Leipzig, 1893, p. 138. (N.T.)
22. Um exemplo especial e temeroso desse tipo de procedimento é o trabalho do famoso mitólogo naturalista Schwartz, o qual se refere a esse ciclo de lendas: *Der Ursprung der Stamm und Gründungssage Roms unter dem Reflex indogermanischer Mythen* [A origem da raça e das lendas fundadoras de Roma sob o reflexo dos mitos indo-germânicos]. Jena, 1878.
23. FROBENIUS, Leo (1873-1938, etnólogo e arqueólogo alemão, uma das principais figuras da etnografia alemã). *Das Zeitalter des Sonnengottes* [A era do deus sol]. Berlim, 1904. (N.T.)
24. HÜSING, Georg (1869-1930, historiador, germanista e mitólogo alemão). *Contributions to the Kyros Myth*. Berlim, 1906. (N.T.)
25. SIECKE, Ernst (1846-1935, mitólogo alemão). *Liebesgeschichte des Himmels* [Histórias de amor do céu]. Strassburg, 1892; *Mythologische Briefe* [Cartas Mitológicas]. Berlim, 1901.
26. SIECKE, Ernst. *Hermes als Mondgott* [Hermes enquanto deus lunar]. Biblioteca Mitológica, v. II, p. 48]. É possível comparar a concepção ora lunar ora solar do mito do herói, uma concepção muito unilateral, em FRIEDRICH, Gustav. *Grundlage, Entstehung und genaue Einzeldeutung der bekanntesten germanischen Märchen, Mythen und Sagen* [Fundamento, surgimento explicação detalhada dos mais famosos contos de fadas, mitos e lendas germânicos]. Leipzig, 1909, p. 118.

Como nós mesmos abordaremos detalhadamente a questão da interpretação dos mitos mais adiante, poupamo-nos aqui da crítica contra essa forma de interpretação – que pode ser considerada em parte apropriada, mas que em seu todo é insatisfatória e unilateral.[27] Ignorando o fato de que a mitologia astrológica não nos fornece nenhum conhecimento dos motivos psicológicos da criação de mitos, vamos refletir por enquanto se a redução da investigação dos procedimentos astronômicos representa inteiramente o conteúdo desses mitos, ou se talvez uma interpretação a partir do ponto de vista humano pode trazer resultados muito mais claros e naturais. Em última análise, temos a tão criticada teoria dos pensamentos elementares [*Elementargedanken*], que nos impele a um lado da pesquisa sobre mitos quase não explorado até agora. No início e ao final de seu trabalho, Bauer manifesta o pensamento de que é mais provável e natural buscar o fundamento para a concordância geral desses mitos em traços inteiramente universais da psique humana, do que, talvez, na concepção de uma comunidade primordial ou nas migrações. Sua hipótese nos parece ainda mais legítima quando levamos em conta o fato de que encontramos tais movimentos universais da mente humana atuando em outras formas e âmbitos. Assim, temos a possibilidade de retomar essa ideia por um lado que não permaneceu totalmente desconhecido para a mitologia, mesmo que ela não o tenha considerado adequadamente em seu pleno significado, porque lhe faltavam os pressupostos psicológicos: a partir dos sonhos. Como enfatiza P. Ehrenreich, o extraordinário significado da vida onírica foi reconhecido em todas as épocas. De acordo com suas próprias descrições, os sonhos foram a única fonte de criação de mitos não apenas para alguns povos primitivos, mas também para renomados mitólogos como Laistner, Mannhardt, Roscher, assim como Wundt, na atualidade. Esses mitólogos reconheceram a importância do significado da vida onírica para a compreensão dos mitos individuais e dos temas grupais, principalmente os sonhos de medo e os pesadelos.[28]

---

27. Para uma tomada de posição inicial, ver principalmente: *Psychoanalytische Beiträge zur Mythenforschung*. [Contribuições psicanalíticas à pesquisa sobre mitos]. Biblioteca Internacional de Psicologia, v. IV, Viena e Leipzig, 1919, especialmente cap. I.

28. LAISTNER, Ludwig (1845-1896), escritor, mitólogo e historiador da literatura alemã. Escreveu diversas obras sobre mitos, sobretudo, *Nebelsagen* [Lendas das Névoas], publicada em 1879, e *Novellen aus alter Zeiten* [Novelas da Antiguidade]. MANNHARDT, Wilhelm (1831-1880), estudioso do folclore, mitólogo e bibliotecário alemão. ROSCHER, Wilhelm Heinrich (1845-1923), filólogo clássico e pesquisador da mitologia greco-romana, publicou em 1875 a obra *Studien zur Vergleichenden Mythologie der Griechen und Römer* [Estudos sobre mitologia comparada dos gregos e romanos]. (N.T.)

A atitude de recusa que parte sobretudo da "Sociedade para a pesquisa comparada de mitos", a representante das tendências mitológicas mais modernas, contra qualquer tentativa de aproximação entre sonho e mito surge principalmente pela limitação do conceito de paralelismo ao pesadelo,[29] do modo como Laistner tentou demonstrar em seu notável livro *O enigma da esfinge*[30], e pelo desconhecimento da concepção de Freud que se busca apreciar aqui. Essas últimas nos ensinaram não apenas a compreender os sonhos, mas demonstraram igualmente seu simbolismo e o parentesco íntimo com todos os fenômenos psíquicos em geral, especialmente com os devaneios [*Tagträume*] ou as fantasias, e com a criação artística e certos distúrbios da atividade psíquica normal. Um fato comum a todas essas produções é a ênfase em uma única força psíquica, a fantasia humana. A denominada teoria moderna dos mitos vê-se obrigada a conceder exatamente a essa atividade da fantasia humana um lugar especial – talvez até mesmo o primeiro lugar – na questão da origem primordial de todos os mitos. Pois, a concepção dos mitos em um sentido astral, ou, dito de um modo mais preciso, como "narrativas de calendário", de acordo com o testemunho de Lehmann, o qual considera "a fantasia criativa da humanidade" (op. cit., p. 31), deixa em aberto a questão "se o primeiro gérmen do surgimento dessas narrativas deve ser procurado nos fenômenos celestes ou, ao contrário, se as narrativas tiveram uma origem completamente diferente, sendo somente mais tarde transferidas aos corpos celestes".[31] As objeções que Lehmann levanta até mesmo contra a possibilidade da existência de tal concepção são um paralelo aos testemunhos de Ehrenreich e Wundt, os quais recusam a ideia de uma mitologia celeste originária pela impossibilidade de sua aplicação. Ehrenreich[32] afirma: "O desen-

---

29. Ver sobretudo Leszmann: *Aufgaben und Ziele der vergleichenden Mythenforschung* [Incumbências e objetivos da pesquisa comparada de mitos]. Biblioteca Mitológica, v. I, caderno 4, Leipzig, 1908].

30. LAISTNER, Ludwig. *Das Rätsel der Sphinx*. Berlim, 1889. (N.T.)

31. Nesse sentido, Stucken afirma (Mose, p. 432): "Os mitos transmitidos pelos antepassados foram transportados para os fenômenos da natureza e interpretados de um modo natural e não o contrário". "A própria interpretação natural é um tema" (p. 633). O mesmo afirma Meyer (*Gesch. d. Altert*) [História da Antiguidade, v. II, p. 48]: "Em diversos casos o simbolismo natural que se busca nos mitos existe apenas aparentemente ou foi inserido neles de um modo secundário, como não é possível encontrar nos mitos vedas e egípcios. É uma tentativa de interpretação primitiva, de modo semelhante à interpretação grega dos mitos que ocorre desde o século V a.C.". Otto Rank refere-se a Eduard Meyer (1855-1930) e sua obra *Geschichte des Altertums* [História da Antiguidade]. publicada em 1884.

32. EHRENREICH, Paul. *Die allgemeine Mythologie und ihre ethnol. Grundlagen* [A mitologia universal e seus fundamentos etnológicos. Noções básicas]. Biblioteca Mitológica, v. IV, 1, Leipzig, 1910, p. 104. (N.T.)

volvimento mitológico começou certamente sobre o solo terreno, pelo fato de que são necessárias experiências no ambiente próximo antes que o homem as projete no universo celeste". E Wundt[33] complementa: "Ao afirmar que os mitos surgiram no céu e depois, em uma época tardia, migraram para a terra, a teoria do desenvolvimento dos mitos entra em contradição não apenas com a história dos mitos, que não conhece tal migração, mas também com a psicologia da criação dos mitos, a qual recusa a ideia de transposição como algo intrinsecamente impossível". Nas investigações que se seguem esperamos trazer as provas de que os mitos[34] não têm apenas origem terrena (Ehrenreich) – como afirma igualmente Wundt – mas também psicológica, ou seja, são um produto da atividade criativa da fantasia humana, o qual foi posteriormente transferido aos corpos celestes com sua aparição enigmática. Os traços evidentes que essa reinterpretação deixou nos mitos, como os números fixos, entre outros, não devem diminuir sua importância embora não se possa descartar completamente a compreensão de que eles talvez não tenham origem psíquica, e que somente mais tarde, exatamente por essa significação, foram utilizados na base de cálculos de calendários e do firmamento.[35]

Em uma das matérias que compõem as lendas, a qual pertence ao grupo dos mitos de heróis, já se concretizou com sucesso a dedução de um de seus componentes essenciais a partir de uma fonte humana universal. Em sua obra *A interpretação dos sonhos*,[36] Freud revelou a relação entre o mito de Édipo – profetizado pelo oráculo, o qual afirma que Édipo irá assassinar seu pai e casar-se com sua mãe, o que acaba fazendo sem sabê-lo – com os dois sonhos típicos da morte do pai e da relação sexual com a mãe; sonhos que ainda hoje em dia muitas pessoas têm. Na obra, Freud afirma sobre o Rei Édipo: "Seu destino nos comove exatamente porque poderia ter sido o nosso, porque o oráculo lançou-nos a mesma maldição, antes de nosso nascimento, que recaiu sobre ele. Talvez seja esse o destino de todos nós, o de sentir o primeiro impulso sexual em relação à mãe, e o primeiro ódio e desejo de violência para com nosso pai; nossos sonhos nos convencem

---

33. WUNDT, Wilhelm. *Völkerpsychologie* [Psicologia dos povos]. Leipzig, 1905, p. 282. (N.T.)
34. Thimme considera esses aspectos essenciais da pesquisa sobre mitos igualmente válidos para o ponto de vista sobre os contos de fadas. Cf. THIMME, Adolf (1857-1945, pesquisador dos contos de fadas alemão). *Das Märchen* [O conto de fadas]; *Handbücher z. Volkskunde* [Manual sobre Folclore]. v. II. Leipzig, 1909.
35. Esse tema encontra-se inserido em um trabalho que estamos preparando intitulado: "Microcosmos e macrocosmos".
36. FREUD, Sigmund. *Traumdeutung* [A interpretação dos sonhos]. Viena e Leipzig, 1900, p. 180.

disso. O Rei Édipo, o qual assassinou Laio, seu pai, e casou-se com Jocasta, sua mãe, é apenas a concretização dos desejos de nossa infância".[37] O parentesco íntimo entre o sonho e o mito que se revela aqui, o qual estende-se não apenas ao conteúdo, mas também à forma e às forças pulsionais [*Triebkräfte*] dessas duas construções psíquicas [*seelischer Gebilde*], assim como a muitas outras – especialmente as mais doentias – corrobora perfeitamente a concepção do mito enquanto "sonho coletivo" do povo, como eventualmente demonstrei.[38] O mesmo se dá com a transposição do método, e em parte com os resultados da técnica de interpretação freudiana dos sonhos aplicados aos mitos, como o de Abrão, os quais foram fundamentados de um modo mais preciso e concretizados por meio de exemplos no escrito: *Traum und Mythus*[39] [Sonho e mito]. Nos também iremos confirmar a relação intrínseca entre sonho e mito no círculo de mitos abordado aqui, utilizando abundantemente as conclusões que nos são oferecidas por essas analogias. Ao observar essa compreensão psicológica em oposição à interpretação mitológica natural que se oferece, por exemplo, na fábula obscena de Édipo – Édipo, que assassinou seu pai, casou-se com sua mãe e morreu como um ancião cego é o herói solar, o qual matou seu criador, a escuridão, e passou a dividir a cama com sua mãe, o arrebol, de cujo colo (o amanhecer) ele surgiu, morrendo como sol poente[40] – têm-se a impressão de que, em seu esforço por fundamentar o sentido originário da narrativa mítica, apoiando-se na interpretação mitológica natural, seja lá em que sentido, o pesquisador não pode abrir mão completamente de um processo psicológico, como devemos supor que tenha feito o criador dos mitos. O tema é aquilo que levou tanto o criador dos mitos como seu intérprete aos mesmos processos. Nos "Ensaios"[41] de Max Müller, um dos

---

37. De acordo com a exposição de Freud, a fábula de Shakespeare, *Hamlet*, também se deixa interpretar de modo semelhante. Mais adiante buscaremos demonstrar como os pesquisadores de mitos interpretam a lenda de Hamlet a partir de um ponto de vista completamente diferente, no contexto de nosso círculo de mitos.
38. RANK, Otto. *Der Künstler, Ansätze zu einer Sexualpsychologie* [O artista. Princípios para uma psicologia sexual]. Viena e Leipzig, 1907, p. 36 (na 2. e 3. eds. de 1918, p. 52).
39. RANK, Otto. *Traum und Mythus. Zwei unbekannte Texte aus Sigmund Freuds "Traumdeutung"* [Sonho e mito. Dois textos desconhecidos da "Interpretação dos sonhos" de Sigmund Freud]. Quarto caderno dessa coleção. Leipzig e Viena, 1909; 2. ed. 1922.
40. Ver: GOLDZIHER, Ignaz. *Der Mythos bei den Hebräern und seine geschichtliche Entwicklung* [O mito entre os hebreus e seu desenvolvimento histórico]. Leipzig, 1867, p. 125.
41. Terceiro volume da tradução alemã, Leipzig, 1869, p. 143. Em sua famosa obra *The Mythology of the Aryan Nations* [A mitologia nas nações arianas], George William Cox também defende

fundadores e pioneiros da pesquisa comparada de mitos, e do modo natural de interpretação mitológica, encontramos essa concepção expressa de um modo muito inocente por meio do pensamento de que: "por meio desse procedimento, não apenas as lendas insignificantes recebem significado e beleza própria, mas também os traços mais obscenos da mitologia clássica são afastados, sendo possível encontrar seu verdadeiro sentido".[42] Essa indignação, cujas razões compreendemos com facilidade, impede naturalmente os mitólogos de aceitar que temas como o incesto com a mãe, irmã ou filha, o assassinato do pai, avô ou irmão poderiam ter como fundamento as fantasias universais humanas, as quais, como Freud nos ensinou, têm sua origem na vida ideacional [*Vorstellungsleben*] infantil, em sua interpretação singular do mundo exterior e em suas pessoas. Essa indignação é igualmente apenas a reação ao sombrio pressentimento do reconhecimento da factualidade dessas relações, uma reação que força o intérprete dos mitos – em nome de sua própria reabilitação inconsciente e da humanidade – a dar a esses temas um significado completamente diferente daquele que possuíam originalmente. A mesma insurreição interior não permitiu ao povo criador dos mitos acreditar na possibilidade de tais pensamentos obscenos, sendo essa rejeição o primeiro motivo da projeção dessas relações nos fenômenos celestes. O apaziguamento psicológico conquistado por meio da explicação que é projetada em objetos exteriores – possivelmente distantes – talvez seja compreensível, mas não é um argumento científico, de modo que tal indignação em face dos fatos em questão, mesmo que nem sempre consciente, é inteiramente inadequada. Assim, é preciso conformar-se com essas obscenidades, caso sinta-se mesmo que elas são assim, ou afastar-se da pesquisa dos fenômenos psicológicos. É evidente que os seres humanos, mesmo nas mais antigas épocas e com a mais ingênua vida ideacional, não viam o incesto e o assassinato do pai nos fenômenos celestes,[43] mas que, ao

---

o ponto de vista de que os mitos apenas são aparentemente imorais, e se os interpretarmos pelo método mitológico natural eles perderão seus traços obscenos. Em Siecke (*Hermes als Mondgott* [Hermes como deus lunar], Leipzig, 1918) os mitos de incesto perdem toda a imoralidade quando transpostos à interpretação da relação entre a lua e o sol, de modo que "podem ser explicados muito facilmente: a filha [a lua nova] é a repetição da mãe [a lua velha]; com ela se relaciona o pai [o sol], (assim como o irmão, o filho) de uma forma renovada!".

42. MÜLLER, Friedrich Max (1823-1900), orientalista, linguista e mitólogo alemão.
43. Devemos acreditar? Em um escrito intitulado: *Urreligion der Indogermanen* [Religião primitiva dos indo-germânicos] (Berlim, 1897), onde Siecke afirma que *os mitos de incesto são narrativas posteriores dos processos da natureza, os quais foram vistos mas não compreendidos*, ele se contrapõe a uma afirmação de Oldenburg (*Religion d. Veda*) [Religião védica, p. 5],

contrário, essas concepções somente poderiam ter surgido de uma fonte humana. O modo como elas foram projetadas nos fenômenos celestes e quais alterações e adições receberam são questões de natureza secundária, as quais apenas podem ser respondidas quando a origem e o significado dos mitos forem estabelecidos.

Ao menos, a partir de agora, além da concepção astral, será necessário estabelecer a validade do papel da vida psíquica na criação dos mitos, uma exigência que se tentará justificar por meio dos resultados de nosso processo de interpretação.

Com esse propósito, nos dedicaremos primeiramente ao material dos mitos, por meio do qual almejamos realizar uma tentativa de interpretação psicológica em grande escala, escolhendo para isso entre o conjunto desses mitos de heróis,[44] principalmente os *biográficos*, os mais famosos e alguns especialmente característicos, os quais serão expostos de forma abreviada a seguir, com as informações sobre as fontes, de acordo com sua importância para nossa investigação.

---

o qual compreende que existe uma tendência primitiva dos mitos ao tema do incesto, com a observação de que "nos tempos primitivos – mesmo sem a inclinação do narrador – o tema lhe era imposto pela observação dos fatos" (p. 22). Em relação a tais interpretações, Wundt afirma com razão: "Por meio dessas interpretações o mito transformou-se novamente em uma criação literária alegórica. O notável nesse tipo de interpretação dos mitos, que na verdade já deve ter acompanhado até mesmo a criação dos mitos originais, é que ela reúne dois conteúdos de lendas de diferente caráter no mesmo tema" (p. 252).

44. A grande diversidade e a ampla divulgação do mito do nascimento do herói foram deduzidas dos trabalhos citados anteriormente, de Bauer, Schubert, entre outros, enquanto o conteúdo extenso assim como as ramificações mais sutis de seus trabalhos foram especialmente analisados por Hüsing, Leszmann e outros representantes da tendência moderna. Inúmeros contos de fadas, narrativas e outras criações literárias de todas as épocas até os mais modernos dramas e a literatura dos romances apontam claramente para os temas centrais dos mitos de heróis.

Sargão[45]

Um dos mitos de herói mais antigos que nos foi transmitido pela tradição – a qual o expõe de uma forma reduzida ao tema principal – tem origem na época da fundação da Babilônia (cerca de 2800 a.C.)[46] e trata da história do nascimento de seu fundador, Sargão I. O relato, que se apresenta como um escrito original do próprio rei Sargão, traduzido de uma forma literal, diz o seguinte:[47]

"Sargão, rei poderoso, Rei de Ágade,[48] sou eu. *Minha mãe foi uma vestal*, não conheci meu pai, enquanto o irmão de meu pai habitava as montanhas. Em minha cidade, Azupirani, a qual situa-se às margens do Eufrates, minha mãe, a vestal, ficou grávida de mim. Em segredo ela me concebeu. Ela colocou-me em um cesto de junco, cerrou a tampa com betume e me largou na correnteza do rio, qual não me afogou. A correnteza me guiou até Akki, o tirador de água. Akki, o tirador de água, na bondade de seu coração, me recolheu. Akki, o tirador de água, me criou como seu próprio filho. Akki, o tirador de água, me tornou seu jardineiro. Em meu trabalho de jardineiro, Istar gostou de mim; [então] me torne rei e exerci o poder real por 45 anos."

---

45. Sargão I ou Sargão da Acádia, rei babilônico do século XXIII a.C. (N.T.)
46. Hüsing levanta a questão de saber se a época do surgimento da lenda de Sargão não deveria ser mais bem distante no tempo. (*Die iranische Überlieferung* etc. [A tradição iraniana etc.]. Biblioteca Mitológica, II, 2, 1909, p. 100).
47. As diferentes traduções do texto, em parte transfigurado, se diferenciam apenas em pontos não muito importantes. Cf. *Hommels Gesch. Babyloniens und Assyriens* [A história de Hommel da Babilônia e Assíria] (Berlim, 1885, p. 302), onde é possível encontrar inclusive as fontes da tradição da transmissão dessa lenda, ver também: JEREMIAS, A. *Das Alte Testament im Lichte des alten Orients* [O Antigo Testamento à luz do Antigo Oriente]. 2. ed. Leipzig, 1906, p. 410.
48. Ágade ou Acádia, região da Baixa Mesopotâmia. Área central do atual Iraque. (N.T.)

No mito babilônico de Etana há um paralelo com o nascimento dos primeiros reis, como Sargão, Ciro, Rômulo, entre outros, os quais são semelhantes às cenas simbólicas expostas no cilindro de Etana. (Cf. ZIMMER em conexão com HARPER).[49] A vida do herói é representada a partir do momento em que ele é abandonado e sua labuta como pastor em busca de sustento. Após isso ocorre a elevação de Etana à nobreza, ao trono da rainha celeste Istar [Ishtar], sua amada. Etana resolve ir ao céu buscar uma erva que auxiliaria sua amada a ter um filho, por isso está sentado sobre a águia. Mas, Etana desaba com a águia por sobre o precipício, pois, um pouco antes de alcançar seu objetivo ele teve medo. Do mesmo modo, diz a lenda do rei babilônico Tammuz: "Quando pequeno ele se encontrava em um barco que afundava".[50]

Moisés

A história bíblica do nascimento de Moisés, narrada no livro do Êxodo, capítulo 2, demonstra grande semelhança e ampla concordância com a lenda de Sargão.[51] No primeiro capítulo (22), descreve-se como o Faraó ordenou a seu povo que jogasse na água todos os filhos do sexo masculino dos hebreus que nascessem, mas que poupasse a vida das filhas mulheres, uma ordem que se fundamenta na enorme fecundidade dos israelitas. O segundo capítulo continua: "Então, um homem da casa de Levi tomou por esposa uma filha de Levi.[52] A mulher ficou grávida e deu à luz um menino, e sabendo que era proibido pelo Estado, ocultou o filho por três meses. Mas, como não podia escondê-lo por mais tempo, *colocou a criança em um cestinho de junco, lacrando com betume e pez, e o depositou nas margens do Nilo*. A irmã do menino acompanhava tudo a distância para saber o que lhe aconteceria. Nesse momento, a filha do Faraó descia em direção ao Nilo

---

49. ZIMMER, Heinrich (1862-1931). *Der babylonische Gott Tammuz* [O deus babilônico Tamuz]. 1909, p. 565; HARPER, E. T. *Beiträge zur Assyriologie etc.* [Contribuições à Assiriologia]. hg. v. Deliztsch, Leipzig, 1890, p. 405. (N.T.)
50. ZIMMER, Heinrich. *Der babylonische Gott Tammuz* [O deus babilônico Tamuz]. Abh. d. Sächs. Akad. XXVII, 1909, p. 727. (N.T.)
51. Em razão das semelhanças, frequentemente se postulou a dependência mútua entre as narrativas do Êxodo e a lenda de Sargão sem levar em consideração, ao que parece, certas diferenças psicológicas, as quais ainda irão nos ocupar na interpretação desses mitos.
52. Os pais de Moisés originalmente não possuíam nome, assim como as outras pessoas nessas antigas narrativas. Somente mais tarde, com a ascensão à nobreza é que se inseriram os nomes. No cap. 6, 20 está escrito: "Amrão desposou Jocabed, sua tia, que lhe deu Aarão e Moisés (e sua irmã, Miriam)". Sobre esse tema, ver: WINCKLER. *Gesch. Israels II, und Jeremias* [História de Israel II e Jeremias], p. 408.

para se banhar; suas criadas passeavam pela beira do rio. Como avistou o pequeno cesto em meio aos juncos, mandou que uma das criadas o buscasse. Abriu-o e viu dentro o menino que chorava. E compadecida afirmou: "É um filho dos hebreus". Então, a irmã do menino disse à filha do Faraó: "Queres que eu vá buscar entre as mulheres dos hebreus uma ama de leite para amamentar o menino?". E a filha do Faraó disse: "Vá!". E a criança foi e chamou a mãe do menino. Então, disse a filha do Faraó à mulher: "Toma esse menino e o amamente, eu te pagarei teu salário". A mulher tomou o menino e o amamentou. Quando o menino cresceu ela o levou à filha do Faraó, que o adotou como seu filho, dando-lhe o nome de Moisés (*Moshe*), porque, disse ela: "Eu o salvei das águas".[53]

A mitologia rabínica adorna esse relato com a história que antecede o nascimento de Moisés: sessenta anos após a morte de José, o Faraó que reinava avistou em sonho um ancião o qual segurava uma balança; em um dos pratos da balança estavam todos os habitantes do Egito, no outro prato apenas um cordeiro, o qual, todavia, pesava mais que todos os egípcios. Assombrado, o rei indagou de imediato aos sábios e astrólogos, os quais esclareceram que o sonho significava que os israelitas iriam gerar um filho que destruiria todo o Egito. Apavorado com essa interpretação o rei ordenou imediatamente que sacrificassem todos os recém-nascidos em todo o Egito. Em face dessa ordem tirânica, o levita Amram, que vivia em Gosen, quis se separar de sua esposa Jocabed, para não ter de entregar à morte certa os filhos que gerasse com ela. Todavia, sua filha Miriam se opôs a essa decisão, afirmando com segurança profética que aquele filho anunciado pelo sonho do Faraó nasceria precisamente do ventre de sua mãe e seria o libertador de seu povo.[54] Assim, Amram reatou o relacionamento com a esposa, da qual

---

53. Segundo Winckler (*Die babyl. Geisteskultur* [A história cultural e intelectual da Babilônia], p. 119), o nome de Moisés significaria bem mais "criado a partir da água". (Ver também: WINCKLER. *Altorientalische Forschungen* [Pesquisas sobre o Oriente antigo]. v. III, p. 468 ss.). Essa versão aproxima ainda mais a lenda de Moisés e a de Sargão, pois, o nome Akki significa "Eu criei a água". No dicionário hebraico-caldeu de Fürst a palavra é descrita como *moi* = filho e *esche* = *Isis: filho de Isis* (de acordo com a analogia desse nome dos rei egípcio: *Thoutomsis* = filho de Thout). Segundo essa versão, o principal significado da palavra filho é "filho da água", do mesmo modo como José tem seu nome originário do cóptico *mo* = água, *ioydai* = salvo, retirado. Moises é frequentemente um nome egípcio, e tem o significado de criança. (Sobre esse tema ver também: EBERS, *Durch Gosen zum Sinai* [Através de Gosen até o Sinai], p. 525; SPIELBERG, *Der Aufenthalt der Israeliten in Ägypten* [A permanência dos israelitas no Egito; Brupsch. Egiptologia], p. 23; BRUPSCH, *Ägyptologie*, p. 118.

54. Schemot Rabba 2, 4. Em Moisés I, 22, está escrito que um astrólogo disse ao Faraó que uma mulher estava grávida do libertador de Israel.

ele se distanciara por três anos. Após três meses ela engravidou, dando à luz, mais tarde, um filho, cujo nascimento envolveu a casa toda em um fulgor de extraordinária luminosidade, assinalando a veracidade da profecia.[55] De um modo semelhante a Sargão, também há na história de Moisés um modelo divino que remonta ao Faraó egípcio Tot.[56] Outras lendas egípcias paralelas são a de Osíris (Adonis), o qual, colocado em uma arca, boia até chegar ao Mar Mediterrâneo; a história do nascimento do filho do Faraó egípcio; a história de Ahi, o filho de Ra e de Hator, o qual surge de uma inundação.[57] É possível encontrar outros paralelos à lenda de Moisés em Franz Kampers,[58] Hermann Gunkel,[59] e W. Wündt.[60]

É igualmente muito interessante uma nota na mais recente obra de Frazer,[61] onde a história do abandono de Moisés é comparada com diferentes histórias, as quais são originárias de Tonga, no noroeste da Rodésia (Torrend[62]).

O fato de que os mesmos temas circularam entre os povos naturais também é demonstrado pelos seguintes exemplos: Stucken[63] narra uma lenda da Nova Zelândia que trata do ladrão de fogo (e semém) Mani-tiki-tiki, o qual é abandonado logo após seu nascimento, quando sua mãe o joga no mar enrolado em uma manta. Uma história semelhante é narrada

---

55. BERGEL, Joseph (1801-1900). *Mythologie der alten Hebräer* [Mitologia dos antigos hebreus]. Leipzig, 1882. (N.T.)
56. VÖLTER, Daniel (1885-1942). *Moses und die ägyptische Mythologie* [Moisés e a mitologia egípcia]. Leiden, 1912, p. 30. (N.T.)
57. ERMAN, Johann Peter Adolf (1854-1937). *Aegyptische Religion* [A religião egípcia]. Berlim, 1905, p. 40. BRUGSCH, Heinrich Karl (1827-1894). *Religion und Mythologie der alten Aegypter* [Religião e mitologia no velho Egito]. Leipzig, 1884-1888, p. 376. (N.T.)
58. KAMPERS, Franz (1868-1829). *Alexander der Grosse um die Idee des Weltimperiums* [Alexandre, o Grande e a ideia do Império mundial]. 1901, p. 10, nota 3. (N.T.)
59. GUNKEL, Hermann (1862-1932). *Zum religiös gesch. Verständnis* [Para a compreensão da história da religião]. 1903, p. 69]. (N.T.)
60. WÜNDT, Wilhelm. *Völkerpsychologie* [Psicologia dos povos]. Leipzig, 1909, v. III, p. 254, 262 e 268. (N.T.)
61. FRAZER, James Georg (1854-1941). *Folklore in the Old Testament* [Folclore no Antigo Testamento], 1918. (N.T.)
62. TORREND, J. *Likenesses of Moses Story in the Central Africa Folk-lore* [Semelhanças com a história de Moisés no folclore da África Central]. Anthropos, v. V, 1910, p. 54-70 [a Rodésia situa-se na República da Zâmbia]. (N.T.)
63. STUCKEN, Eduard (1865-1936). *Astral Mythen* [Mitos astrais]. Leipzig, 1896-1907, p. 379. (N.T.)

por Frobenius[64] do povo de Betsimisaraka,[65] onde uma criança abandonada é encontrada e criada por uma mulher rica e sem filhos, e mais tarde resolve procurar por seus verdadeiros pais. E, de acordo com um relato de Bab,[66] a esposa do Rajá Besurjak[67] recebe uma criança encontrada boiando em uma bolha de sabão (de Singapura). No mito de Mauim, o filho primogênito descreve à sua mãe, de um modo especialmente interessante (cf. White[68]). De acordo com Frobenius:[69]

> Eu sei que nasci prematuramente na beira do mar, e que depois de enrolado em um dos cachos de seu cabelo, cortado por você especialmente com esse fim, fui jogado nas ondas do mar. Ali, as algas me envolveram com suas grandes tranças, dando forma e me criando. Os peixes comedores de algas me envolviam de modo a me proteger. Milhares de moscas voavam ao meu redor, colocando seus ovos sobre mim, para que as larvas me comessem. Bandos de aves juntavam-se ao meu redor para me picar, mas, nesse momento surgiu do céu meu grande ancestral, Tama-nui-ki-te-Rangi, e viu as moscas e as aves. O ancião apressou-se tanto quanto pôde em minha direção e, ao expulsar os peixes comedores de algas que me circundavam, ele encontrou ali um ser humano. Então, ele me ergueu e me pendurou no telhado para que eu pudesse sentir o calor e a fumaça do fogo, de modo que, assim, por meio da gentileza do ancião, eu fui salvo.

O relato do nascimento de Abraão, patriarca da nação hebraica, ocorre de modo semelhante ao de Moisés, o qual principia a história nacional dos judeus. Ele era filho de Terah, comandante de Nimrod, e Amtelai. Antes de seu nascimento, as estrelas revelaram ao rei Nimrod que uma criança esperada derrubaria os poderosos príncipes de seus tronos e tomaria posse de suas terras. O rei Nimrod decide então que a criança seja morta imediatamente após seu nascimento. Mas, quando exigiu-se que Terah entregasse o filho, ele disse: "Com certeza nasceu um filho meu, mas ele morreu.". Ele então entregou uma outra criança, ocultando seu filho em uma caverna subterrânea, onde Deus permitiu que fosse amamentado pelo leite que

---

64. FROBENIUS, Leo (1873-1938, etnólogo e arqueólogo alemão, uma das principais figuras da etnografia alemã). *Das Zeitalter des Sonnengottes* [A era do deus sol]. Berlim, 1904, p. 379. (N.T.)
65. Betsimisaraka é uma etnia de Madagascar, na África. (N.T.)
66. BAB, Hans. *Zeitschrift für Ethnologie* [Revista de Etnologia]. Berlim, 1906, p. 281. (N.T.)
67. Rajá é a denominação dada aos reis hindus, o nome advém do sânscrito "rajan", que significa "rei". (N.T.)
68. WHITE, John. *The Ancient History of the Maori* [A história da Antiguidade Maori]. Wellington, v. II, 1887. (N.T.)
69. FROBENIUS, Leo. *Das Zeitalter des Sonnengottes* [A era do deus sol]. Berlim, 1904, p. 66. (N.T.)

sugava do dedo da mão direita. Conta-se que Abraão permaneceu nessa caverna até seu terceiro ano de vida (de acordo com outros até seu décimo). Sobre esse assunto, ver August Wünsche,[70] o qual traz uma tradução do nascimento de Abraão, assim como o estudo de Beer.[71] Ver igualmente Marmorstein.[72]

Assim como ocorre frequentemente, o mesmo tema mítico surge na geração seguinte por meio da história de Isaac. Antes de seu nascimento, o rei Abimeleque é advertido em sonho a não tocar em Sara, caso contrário ele morreria. Após um longo período de esterilidade, Isaac finalmente veio ao mundo. Mais tarde, Isaac é destinado a ser sacrificado pelo pai, mas, ao final é poupado, enquanto Abraão expulsa seu outro filho, Ismael, com sua mãe Hagar (*Gênesis* 20:6 e Bergel, 1. c.).

Naturalmente a história bíblica de José também pertence a esse grupo, o qual nada mais representa do que a imitação romanticamente embelezada da lenda do abandono: o primogênito é abandonado e permanece três dias na cisterna (o tema da água!), de onde ele então é salvo, enquanto os irmãos enganam o pai por meio de uma pele de animal ensanguentada. A história do governante que é abandonado não deixa de estar igualmente presente.

Karna

A narrativa do nascimento do herói Karna, no antigo poema épico hindu Mahabharata,[73] mostra igualmente traços muito próximos com a lenda de Sargão.[74] O conteúdo da lenda é narrado de forma breve por Christian

---

70. WÜNSCHE, August. *Aus Israels Lehrhallen* [Das escolas de Israel]. Leipzig, 1907, p. 14. (N.T.)
71. BEER, Bernhard. *Das Leben Abrahams nach Auffassung der jüdischen Sage* [A vida de Abraão segundo a interpretação judaica]. Leipzig, 1859, p. 27. (N.T.)
72. MARMORSTEIN, Arthur. *Legendenmotive in der rabbinischen Literatur* [Temas de lendas na literatura rabínica]. Arquivos de Religião e Ciência, v. XVI, 1913. (N.T.)
73. Narrativa épica clássica hindu atribuída a Krishna Divapayana Vyasa. A data de sua criação é indicada pelos estudiosos entre os séculos VIII e V a.C. (N.T.)
74. É igualmente necessário mencionar aqui a lenda de nascimento do primeiro rei mítico da Índia. No livro dos heróis *Vikrâmadityacaritam* é narrada a história do rei Vikrâma, o qual seria o filho de um deus que Indra condenou a viver por um tempo a vida terrena, porque em um momento de ira ele desejou viver como um burro. Após o final do período de penitência, o deus condenado deixa para trás sua esposa terrena grávida, ordenando ao pai, por meio de uma profecia, que logo após o nascimento do filho deveria eliminá-lo. Ao pressentir o que ocorreria ao filho, a mãe não espera até o momento de dar à luz, mas arranca o rebento prematuramente de seu ventre e o entrega a uma criada, a qual o leva a um lugar seguro. Foi assim que o rei Vikrâma veio ao mundo, e do mesmo modo seu filho Vikrâmaditya, pois ambos são descritos no livro dos heróis como crianças nascidas prematuramente. Quando o rei

Lassen[75]: A princesa Pritha, também conhecida como Kunti, *deu à luz, enquanto virgem, ao filho Karna, cujo pai era o deus sol Surya*. O menino Karna nasceu com os adornos de ouro de seu pai em suas orelhas e com uma cota de malha[76] indestrutível. Por temor, a mãe da criança o oculta e o abandona. Na adaptação do mito realizada por A. Holtzmann[77], lemos no verso 1458: "Então, a ama de leite e eu fizemos um grande cesto de junco, dentro do qual colocamos o menino; após isso, tampamos o cesto e o lacramos com cera, levando-o até o rio Açva". Carregado pelas ondas, o cesto chega ao rio Ganges, até a cidade de Campa. "Ali, passeava pela margem do rio o nobre amigo de Dhritarashtra[78], o condutor da carruagem, com sua bela e devota esposa Radha, a qual estava mergulhada em uma profunda tristeza porque não conseguia ter filhos. Nesse momento, ela avistou o cesto boiando na margem do rio até onde havia sido trazido pela correnteza. Mostrou-o a Arizath, o qual retirou o cesto do rio". O casal tomou a criança para si e o criou como seu próprio filho.

Mais tarde, Kunti casou-se com o rei Pandu, o qual se viu forçado a abster-se de manter relações conjugais pela maldição de que iria morrer nos braços da esposa. Mas Kunti deu à luz, novamente pela concepção divina, três filhos, um dos quais veio a nascer em uma caverna de lobos. Um dia, Pandu vem a falecer nos braços de sua segunda esposa. Os filhos cresceram e, em um torneio que realizaram, surge Karna para medir forças com o melhor dos guerreiros, Arjuna, o filho de Kunti. Arjuna recusa-se terminantemente a lutar com o filho de um condutor de carruagens. Assim, de modo a torná-lo um opositor digno, um dos presentes o unge rei. Nes-

---

Vikrâma morre em uma batalha, ele deixa órfã sua terra, pois, a rainha ainda estava grávida do sucessor. De modo a deixar um sucessor para o país, a criança foi arrancada do ventre da mãe prematuramente, sendo a esposa cremada junto com o esposo morto em batalha. A história do nascimento de Vikrâmaditya, filho de Vikrâma, também é narrada de forma maravilhosa. Após o nascimento, a criança é abandonada em um bosque onde se alimenta apenas com mel, até que, mais tarde, finalmente é reconhecido como o novo rei. (Ver JÜLG, Bernhard. *Mongolische Märchen* [Contos mongóis]. Innsbruck, 1868, p. 73].

75. LASSEN, Christian (1800-1876). *Indische Altertumskunde* [Estudos sobre a Antiguidade hindu]. Bonn, v. I, 1873, p. 373. (N.T.)

76. Espécie de veste utilizada na Antiguidade hindu e na Idade Média europeia. Trata-se de uma veste composta por pequenas argolas de metal, que oferecia proteção contra objetos cortantes. (N.T.)

77. HOLTZMANN, A. (1810-1870). *Indische Sagen* [Lendas hindus]. Karlsruhe, 1846, parte II, p. 117-27.

78. De acordo com o Mahabharata, Dhritarashtra é o rei de Hastinapur, cidade no distrito de Meerut. (N.T.)

se momento, Kunti, a qual havia reconhecido seu filho pela marca divina, revela-lhe o segredo de seu nascimento, pedindo-lhe que se abstenha da luta com o irmão. No entanto, ele considera a revelação feita pela mãe como um conto de fadas, insistindo implacavelmente no desagravo. Durante a luta ele é atingido pelas flechas de Arjuna e morre (conforme a exposição detalhada de Lefmann[79]).

Uma semelhança notável com a lenda de Karna é encontrada na história do nascimento de Íon, patriarca dos Jônios, de quem a tradição trágica relativamente tardia relata:[80]

Na gruta da Acrópole de Atenas, Apolo gerou um filho com Creusa, filha de Erecteo. Nessa mesma gruta, o menino nasceu e foi abandonado. A mãe colocou a criança em uma cesta de vime, na esperança de que Apolo não o deixasse perecer. A pedido de Apolo, Hermes levou a cesta na mesma noite para Delfos, onde a sacerdotisa o encontrou na manhã seguinte, na soleira do templo. A sacerdotisa criou o menino, transformando-o em criado do templo.

Mais tarde, Erecteo deu sua filha Creusa em matrimônio ao imigrante Xuthos. Mas, como o tempo passava e não conseguiam ter filhos, ambos dirigiram-se ao oráculo de Delfos, implorando para ter a benção da concepção. O deus então revelou a Xuthos que o primeiro que encontrasse ao sair do santuário seria seu filho. Ao sair precipitadamente, ele encontrou o jovem criado do templo, a quem saudou com felicidade como filho, dando-lhe o nome de Íon, que significa "o caminhante". Recusando-se a

---

79. LEFMANN, Salomon (1831-1912). *Geschichte des alten Indiens* [História da Índia antiga]. Berlim: G. Grote, 1890, p. 181. (N.T.)

80. Onde não for indicada outra fonte, todas as lendas gregas e romanas foram retiradas da obra de Rosscher *Ausführlichen Lexikon der griech. und rom. Mythologie* [Léxico detalhado da mitologia grega e romana], onde também é possível encontrar outras fontes. O *Léxico* de Rosscher expõe novamente o mito de Íon, seguindo a tradição da nacionalização do mito a partir de antigas narrativas. A colonização da época intermediária grega, de acordo com a tradição dos estudos sobre a Antiguidade de Atenas, iniciou-se pela costa da Ásia Menor. Essa acepção pode ser reconhecida já na Ilíada, de acordo com a qual, na época da Guerra de Troia, os povos jônicos encontravam-se em Atenas, e a pretensão de Atenas em ser a mãe dos jônios nunca foi contraposta. De acordo com essa versão, Íon é considerado o patriarca dos jônios, o filho de Apolo com uma princesa ática, de modo que deve ter vivido em Atenas, mesmo que tenha sido muito difícil inseri-lo em uma lenda ática, a qual não conhecia absolutamente nada sobre ele (MEYER, *Gesch. Der Altert*. [História da Antiguidade]. II, 239). Segundo a antiga lenda, Íon é filho de Xuthos e de Apolo pítico, e tem como mãe uma filha da terra, Creusa, por meio da qual a recém conquistada terra é descrita. Eurípedes, ao contrário, liberta Íon da imagem rude e tirânica de Xuthos, representando-o de tal modo que não surge como um intruso, mas como o rebento da tribo dos Erectidas. Por meio disso, a autoctonia dos atenienses é salva, da qual os dórios envaideciam-se tanto, eliminando, assim o contraditório mito (MÜLLER. *Dorier* [Dórios]. I, 248).

aceitar o jovem como filho, Creusa tenta envenená-lo, mas falha na tentativa, fazendo com que o povo se voltasse contra ela. Íon estava prestes a atacá-la, mas Apolo, que não queria que o filho matasse a própria mãe, iluminou a mente da sacerdotisa para que compreendesse a relação entre os fatos. Com auxílio da cesta de vime, na qual depositara a criança recém-nascida, Creusa reconheceu o filho, revelando-lhe o segredo de seu nascimento.

Édipo

Os pais de Édipo, o rei Laio e sua esposa Jocasta, viveram por um longo tempo sem ter filhos. Laio, o qual ansiava por um herdeiro, pediu conselho a Apolo de Delfos. O oráculo lhe respondeu que teria o filho, se assim o desejasse, *mas esse filho estava destinado a assassiná-lo*. Temendo a concretização da profecia do oráculo, Laio absteve-se de qualquer relação com a mulher; porém um dia, em estado de bebedeira, ele gerou um filho, o qual decidiu abandonar no monte Citerão[81] apenas três dias após o nascimento. De modo a certificar-se de que a criança pereceria, Laio mandou que lhe perfurassem os artelhos. Segundo a interpretação de Sófocles, a qual também não é a mais antiga, o pastor que fora incumbido da tarefa de abandonar o menino, o entregou a um pastor do rei Políbio, de Corinto, em cuja corte ele foi criado, de acordo com o relato geral. Mas, segundo outras fontes, o menino foi abandonado em uma pequena arca no mar, sendo retirado da água por Períboa, esposa do rei Políbio, o qual o descobriu enquanto lavava sua roupa.[82] Políbio cria Édipo como seu próprio filho. Quando por acaso descobre que havia sido encontrado quando criança, ele pergunta ao oráculo de Delfos sobre o paradeiro de seus verdadeiros pais, receando a profecia que iria matar o pai e casar-se com a mãe. Acreditando que essa profecia se referia aos pais adotivos, Édipo foge de Corinto para Tebas; mas, no caminho ele, sem sabê-lo, assassina seu pai Laio, liberta a cidade ao resolver o enigma da esfinge – terrível monstro devorador de homens – recebendo como prêmio por esse feito a mão de Jocasta, sua mãe, assim como

---

81. O monte Citerão, ou Citeron, do grego Κιθαιρών Όρος, pertence a uma cadeia de montanhas na Grécia central, entre a Beócia, ao norte e a Ática, ao sul. (N.T.)
82. *Scholien Eurip. Phoen.* [Escólios de Eurípedes], 26. De acordo com Bethe (*Thebanische Heldenlieder*) [Canções heroicas dos tebanos], o abandono da criança na água foi a forma originária do mito. Segundo outras versões, a criança é encontrada e criada por um pastor de cavalos; uma versão tardia da lenda conta que Édipo foi encontrado por um habitante da terra, Melíbio.

o trono de seu pai. A revelação desses horrores e a desgraça subsequente de Édipo eram temas favoritos de representação dos trágicos gregos.[83]

Toda uma série de lendas cristãs foram abordadas de acordo com o modelo da lenda de Édipo; como paradigma desse grupo encontra-se a lenda de Judas: Antes de seu nascimento, sua mãe Cyboread foi advertida em sonho que iria dar à luz um filho abominável, o qual iria arruinar seu povo. Os pais abandonam então o filho em uma pequena arca no mar. As ondas levam a criança até a ilha de Iscariotes, onde uma rainha sem filhos o encontra e cria como seu filho. Mais tarde, o casal real tem um filho. Sentindo-se abandonado, Judas mata o próprio irmão de criação. Ao tentar fugir do país, ele encontrou serviço na corte de Pilatos, o qual o tornou seu confidente, colocando-o acima de todos os seus serviçais. Um dia, Judas entra em conflito com um vizinho e o assassina sem saber que tratava-se de seu pai. Judas casa-se então com a viúva do morto, isto é, a própria mãe. Após a revelação desses horrores, Judas arrepende-se e busca o salvador, o qual o recebe entre seus apóstolos. A traição que cometerá a Jesus é conhecida por intermédio do Evangelho.[84]

A lenda de São Gregório sobre a rocha, narrada por Hartmann von Aue,[85] é citada como uma forma mais complexa desse tipo de lenda. Gregório, o fruto de uma relação incestuosa entre dois irmãos da corte, é abandonado pela mãe em uma pequena arca no mar, de onde os pescadores o resgatam, criam-no e mais tarde o educam para a vida eclesiástica. Todavia, ele prefere a vida de cavaleiro, na qual vence diversos combates, recebendo em recompensa a mão da princesa, sua mãe. Após a descoberta do incesto que cometera, Gregório faz penitência durante dezoito anos em uma rocha, no meio do mar, até que por ordem de Deus torna-se Papa.[86]

---

83. Goldziher (cap. 1, p. 216) descreve uma narrativa paralela da lenda de Édipo: Nimrod é abandonado em razão de uma profecia. Salvo por uma tigresa ele é cuidado e criado, torna-se poderoso, e, finalmente, assassina seu pai Kenaan e se casa com sua mãe Salcha. O mesmo ocorre com o fundador da nação turca, do qual se narra que foi abandonado quando criança, sendo salvo e amamentado por uma loba com a qual mais tarde se casaria. JULIEN, Stanislau. *Documents historiques sur le Tou Kione (Tures)*. Traduit du Chinoi. Paris, 1877, p. 2 e 25.

84. Reik indica a possibilidade de identificação de Judas com Jesus, isto é, a transmissão de traços míticos dele para Jesus. Cf. REIK, Theodor. *Der eigene und der fremde Gott* [O deus próprio e o deus estrangeiro]. Leipzig, 1923.

85. Hartmann von Aue (1165-1210) foi um poeta medieval alemão do período da Suábia (séculos XII, XIII e XIV). É de sua autoria a narrativa sobre São Gregório. Outros expoentes desse período são Walther von der Vogelweide (c. 1170-1230) e Wolfram von Eschenbach (1170-1220). (N.T.)

86. O material terrível sobre as lendas de incesto medievais foi abordado pelo autor em sua obra *Inzestmotiv in Dichtung und Sage* [Temas de incesto na poesia e nas lendas]. Leipzig e Viena, 1912, cap. X.

A lenda iraniana do rei Dârâb, narrada pelo rei Firdusi no *Livro dos reis*, tem muita semelhança com a lenda de São Gregório, como a reproduz Spiegel em *Iranische Altertumskunde* [Estudos sobre a Antiguidade iraniana], II, 584:[87] O último Behmen Kiranian nomeou como sucessora ao seu trono sua filha Humai, que também era sua esposa, fazendo com que seu filho Sâsân se sentisse muito infeliz e se recolhesse em um retiro solitário. Pouco tempo após a morte do marido, Humai deu à luz um filho que decidiu abandonar. Ele foi colocado em uma pequena arca, a qual foi depositada no rio Eufrates, sendo levada rio abaixo pela correnteza até ser retida por uma pedra, colocada no rio por um homem que trabalhava com curtume. O homem apanhou a arca e encontrou o menino, levando-o a sua esposa, a qual havia perdido um filho havia poucos dias. O casal decidiu então criar o menino, o qual se tornou tão forte quando cresceu que nenhum outro jovem atrevia-se a desafiá-lo. Como não queria dedicar-se ao trabalho de curtidor de couros de seu pai, decidiu tornar-se guerreiro. Após forçar a mãe adotiva a revelar-lhe o segredo de sua origem, ele toma parte no exército que Humai havia enviado para combater o rei Rum. Surpreendida pela bravura do jovem guerreiro, Humai reconhece que se tratava de seu filho, e o nomeia seu sucessor.

Paris

Eis como Apolodoro narra o nascimento de Paris: O rei Príamo e sua esposa Hécuba tiveram um filho chamado Heitor. Quando Hécuba estava para ser mãe pela segunda vez, sonhou que daria à luz um cepo de madeira que incendiaria toda a cidade. Príamo pede então ajuda a Esaco, filho de sua primeira esposa Arisbe, para interpretar o sonho. Esaco afirma que a criança iria destruir a cidade, aconselhando-os a abandoná-la. Príamo entregou então a criança a um escravo chamado Agelao, que o conduziu ao monte Ida. Abandonada, a criança foi alimentada durante cinco dias por uma ursa. Quando retornou ao monte e encontrou a criança ainda viva, Agelao a apanhou e levou consigo para criá-la. Ele deu ao menino o nome de Paris. Mas, à medida que o menino torna-se um jovem forte e belo, afugentando os ladrões e protegendo os rebanhos, dá-lhe o nome de Alexandre. Não demorou muito tempo para que seus verdadeiros pais o descobrissem.

Hyginus – em cuja versão a criança foi encontrada por pastores – narra o modo como a revelação ocorreu.[88] Um dia, emissários de Príamo vieram até

---

87. Friedrich Spiegel (1820-1905), orientalista alemão. (N.T.)
88. A fábula de Hyginus sobre a juventude de Paris retoma o conteúdo de uma narrativa grega. De acordo com Robert (*Philolog. Unters.* [Investigações filológicas]. v. V, p. 237) a fábula da

esses pastores para buscar um touro, o qual deveria servir como premiação para os jogos comemorativos. Eles escolheram um touro tão querido de Paris, que o jovem resolveu segui-los, tomando parte nos jogos e sagrando-se vencedor. Não aceitando a vitória de Paris, seu irmão Deífobo sacou a espada contra o jovem, mas sua irmã Cassandra reconheceu que Paris era seu irmão, fazendo com que Príamo o tomasse como seu filho.[89]

A desgraça que Paris mais tarde trouxe a sua família e sua cidade natal com o rapto de Helena tornou-se conhecida por meio dos poemas homéricos e dos narradores dos poemas cíclicos.

A história do nascimento de Paris tem certa semelhança com o poema de Zal, o qual se encontra nas lendas heroicas persas de Firdusi (traduzidas por Schack):[90] Sam, o rei de Sistan, teve o primeiro filho de uma de suas esposas. Mas, como a criança tinha cabelos brancos a mãe o ocultou, mas a ama de leite revelou o segredo do nascimento ao rei. Sentindo-se decepcionado, Sam ordenou que a criança fosse abandonada. Os servos então levaram a criança até o monte Alburs, onde foi criada por Simurgh,[91] uma ave poderosa. Um dia, quando já era um jovem desenvolvido, uma caravana que passava pela redondeza o avista, e passa a relatar a história daquele que "cuja ama de leite era um pássaro". Certa vez, o rei Sam viu seu filho em um sonho, decidindo então procurar pela criança abandonada. Mas, ao encontrá-lo, o rei viu que não era capaz de alcançar o cimo do elevado monte onde o jovem se encontrava. O Simurgh então trouxe o menino até o rei, o qual o recebeu com alegria, designando-o como seu sucessor.[92]

---

juventude de Paris é uma transposição da lenda da juventude de Ciro relatada por Heródoto, o amigo de Sófocles, o qual também transpôs o sonho de Mandane ao sonho de Electra, na peça "Electra". Cf. CLASSEN, J. *Verh. D. Kieler Philolog. Vers.* [Tratado da sociedade de filologia de Kieler], p. 114. Leszmann suspeita (op. cit., 1905) que a história de Paris-Alexandre tem como fundamento a interpretação da lenda de Ciro.

89. Em Eurípedes, Cassandra, que opõe-se a receber o jovem Alexandre, afirmando que Hécuba deveria ser transformada em uma cadela. Essa metamorfose encontra-se igualmente em antigos versos líricos, supostamente de Alkman. (WELCKER, Friedrich Gottlieb. *Der Epische Cyclus* [O ciclo épico]. II, 90).

90. VON SCHACK, Adolf Friedrich (1815-1894). *Heldensagen von Firdausi* [Lendas heróicas de Firdausi], 1865. Schahname, Sahnama ou Sahname é o livro dos reis, obra do poeta persa Abū'l-Qāsim Firdausī (940 ou 941-1020 d.C.). O poema é também considerado a épica nacional do mundo persa. A obra, com quase 60 mil versos, levou 35 anos para ser escrita. (N.T.)

91. Simurgh também grafado como *simorgh, simurg, simoorg* ou *simourv*, e também conhecido como Angha, é o nome persa moderno para uma ave (ou criatura alada) fabulosa, benevolente, e mítica. É possível encontrar essa lenda em todos os períodos da arte e literatura do Iran. (N.T.)

92. A palavra persa *murgh (zendisch meregha)* significa pássaro e alma. Cf. GÉZA; GOLDZIHER. *Der Seelenvogel im islamischen Volksglauben* [O pássaro-alma na crença popular iraniana]. Globus LXXXIII, n. 19; assim como Weicker, *Der Seelenvogel* [O pássaro-alma]. Leipzig, 1902.

Télefo

Informado pelo oráculo que seus filhos seriam assassinados pelo descendente de sua filha, Aleu, rei de Tégea,[93] decide convertê-la em sacerdotisa da deusa Atena, ameaçando-a de morte se tivesse relações com algum homem. Mas, ao ser recebido como hóspede no santuário de Atena, Hércules, que se encontrava em uma expedição contra Augeas, avista a donzela e, embriagado, a viola. *Quando Aleu percebe a gravidez da filha, ele a entrega a Nauplios, um rude navegante, com a incumbência de atirá-la ao mar.* Porém, a caminho ela dá à luz a Télefo, no monte Partenio, e Nauplios, desobedecendo a ordem que recebera, leva a mãe e a criança para Mísia, onde entrega-os ao rei Teutras.

De acordo com outra versão, ainda como sacerdotisa, Augeas deu à luz secretamente e ocultou a criança no templo. Quando Aleu descobriu o sacrilégio ordenou que se abandonasse a criança no monte Partenio;[94] quanto à mãe, o rei ordenou que Nauplios a vendesse ou matasse no estrangeiro. Todavia, ele a entregou a Teutras.

Segundo a tradição corrente, Augeas abandonou a criança recém-nascida e fugiu para Mísia, onde o rei Teutras, sem filhos, a adota como sua filha. Todavia, *a criança é amamentada por uma corsa, e descoberta por pastores, os quais a levam para o rei Corinto*, que decide criar a criança como seu próprio filho. Quando torna-se um jovem, a conselho do oráculo, Télefo dirige-se a Mísia em busca de sua mãe. Ao chegar lá, ele se depara com os inimigos de Teutras e os expulsa, salvando-o de uma situação muito perigosa. *Como recompensa recebe a mão da suposta filha do rei, ou seja, Augeas, sua própria mãe.* Mas ela se recusou a casar-se com Télefo, e quando ele, tomado de ira, já estava a ponto de desferir-lhe um golpe fatal de sua espada, Augeas clamou por seu amado Hércules, fazendo com que Télefo a reconhecesse como sua mãe. Após a morte de Teutras ele torna-se o rei da Mísia.

---

93. Região da Arcádia, no Peloponeso, na mitologia grega. (N.T.)
94. Em Eurípedes, do qual existem as tragédias de Augeas e de Télefo, Aleu deixa que joguem a mãe e a criança no mar em uma pequena caixa, as quais, devido aos cuidados da deusa Atena, conseguem sobreviver e chegar até a embocadura do rio Kaiko, na Mísia. Ali eles são encontrados por Teutras, o qual toma Augeas como sua esposa, criando o menino como um filho adotivo em sua casa.

Perseu

Acrísio, rei de Argos, encontrava-se já em idade avançada, mas ainda não tinha um filho. Como desejava ter um herdeiro homem, pediu conselhos ao oráculo de Delfos, o qual, todavia, *o alertou contra a descendência masculina, dizendo que sua filha Dânae daria* à *luz um filho que o assassinaria.* De modo a evitar que isso acontecesse, ele prendeu sua filha em uma câmara de bronze, colocando-a sob severa vigilância. Todavia, Zeus penetrou na câmara pelo telhado, sob a forma de uma chuva de ouro, e Dânae tornou-se mãe de um menino.[95] Porém um dia, Acrísio ouviu a voz do pequeno Perseu dentro da câmara onde estava sua filha, e percebeu que ela havia dado à luz um menino. Então, matou a ama de leite e carregou a filha com o menino ao altar doméstico de Zeus para que confessasse o nome do verdadeiro pai da criança. Não acreditando na versão da filha de que Zeus era o pai, ele encerra mãe e filho em uma pequena arca e os joga no mar.[96] A arca é levada pelas ondas até a costa de Sérifos, onde Díctis, um pescador, chamado comumente de irmão do rei Polidectes, salva a mãe e o filho, retirando-os do mar com sua rede. Díctis leva ambos a sua casa, tratando-os como parentes. Mas, o irmão do pescador, Polidectes apaixona-se pela bela mãe, e como Perseu estava em seu caminho, ele procura eliminá-lo, enviando-o em busca da cabeça da Górgone, a Medusa. No entanto, Perseu conseguiu realizar a perigosa tarefa, contrariando as expectativas do rei, entre muitos outros atos heroicos. Um dia, ao jogar o disco em uma competição, Perseu acidentalmente mata seu avô Acrísio. Desse modo, ele concretiza a profecia do oráculo, torna-se o rei de Argos e de Tirinte e manda edificar Micenas.[97]

Dionísio

Nas histórias dos deuses e nas lendas helênicas, o tema do abandono retorna frequentemente em quase todas as figuras míticas.

---

95. Autores posteriores, como Píndaro, declaram que Dânae não foi fecundada por Zeus, mas pelo irmão de seu pai.
96. Simonides von Keos (fr. 37, ed. Bergk.) fala de uma pequena caixa forte como pedra onde Dânae foi abandonada (*Geibel klassisches Liederbuch* [Livro de canções clássicas], p. 52).
97. Sobre a ampla circulação e as ramificações do tipo de lenda de Perseu, ver: HARTLAND, Sydney. *Legend of Perseus* [Lenda de Perseu]. 1894-1896, 3 v. De acordo com Hüsing (op. cit.) a lenda de Perseu pode ser encontrada até no Japão em diferentes variações.

A história da juventude de Dionísio é especialmente significativa, porque contém em si o surgimento do culto dos mistérios. Segundo a versão de Pausânias, (III, 24, 3, f.),[98] a qual tem origem em Prásias, na Lacônia,[99] quando o rei Cadmo descobriu que sua filha Sêmele havia dado à luz um filho (de Zeus) antes do casamento, ele tranca mãe e filho em uma arca e joga-os no mar, de modo que os dois acabam sendo transportados pelas ondas até a costa lacônica. A mãe morre, mas o menino é criado pela irmã de Sêmele, Ino, como seu próprio filho. De acordo com a lenda transmitida por Apiano[100] – por temor de Hera e de Penteu, com a ajuda de suas irmãs Autonoe e Agaue, Ino oculta a criança nas montanhas. Ali, em uma caverna, que mais tarde também foi descrita como um santuário, ela escondeu a criança em uma arca de pinho, cobrindo-a com pele de corça e com ramos de flores de trepadeira, dançando e cantando em volta do recém-nascido para encobrir seu choro; assim, junto com as mulheres beócias que a acompanhavam, ela realizou a primeira comemoração secreta ao redor da arca oculta. Após isso, a arca sagrada, coroada por Deus, foi colocada no lombo de um burro e enviada para as margens do Euripos,[101] onde um pescador a transportou para a Eubeia. Ali, Aristeu recebeu em sua caverna o pequeno Dionísio que vinha na arca de pinho, criando o menino com o auxílio das dríades e das ninfas criadoras de mel.

De acordo com Usener,[102] os temas que surgem aqui reunidos aparecem normalmente separados. Os habitantes da Bitínia[103] conhecem a história da chegada de Dionísio sobre o dorso de um golfinho: os jônios narram que ele chegou em um barco, em cujo deque uma parreira maravilhosa se estendia. Em outra narrativa Dionísio também é colocado em uma arca e transportado pelas ondas de Lemnos[104] até a ilha de Sikinos, onde Euripo

---

98. Geógrafo e viajante grego (115-180 d.C.), autor da célebre obra *Periegesis Hellados* [Descrição da Grécia], igualmente conhecida como *Viagem à roda da Grécia*, ou *Itinerário da Grécia*. A obra é composta de dez volumes. (N.T.)
99. Prásias foi um importante porto na Era de Bronze na Lacônia ou Lacedemônia, na região do Peloponeso, cuja capital é a cidade de Esparta. (N.T.)
100. Apiano de Alexandria (95-165 d.C.), historiador romano de origem grega. (N.T.)
101. Estreito de Euripo (Εύριπος), é um estreito que divide o Golfo de Eubeia, o qual separa a Ilha de Eubeia, no mar Egeu, da Beócia, na Península grega. (N.T.)
102. USENER, Hermann. *Die Sintflutsagen* [As lendas do dilúvio]. 1899, 185. (N.T.)
103. Nome da antiga região no noroeste da Ásia Menor, onde hoje encontra-se a Anatólia, na Turquia. (N.T.)
104. Ilha grega situada no nordeste do Mar Egeu. (N.T.)

o carrega até Patras[105]. Segundo a lenda narrada por Filisco[106], Dionísio é carregado no lombo de um burro através do dilúvio.

A partir das ruínas dos cultos órficos[107] é possível deduzir o mesmo sobre o nascimento de Apolo. Em um local chamado Xanthos, em Creta, próximo ao rio que leva o mesmo nome havia o bosque de Leto[108], nas proximidades de um templo antiquíssimo erigido a Apolo, cuja fundação foi motivada pela seguinte lenda: Os lobos trouxeram a deusa, que se encontrava perdida, até aquele bosque, lavando as crianças no rio após o parto; uma idosa então levou os recém-nascidos para uma cabana muito humilde.

Uma lenda semelhante descreve o mais antigo rei e sacerdote da Ilha de Delos, Ânio[109]. Seu nascimento é descrito por Diodoro (V, 62, 1):[110] Reo, grávida de Apolo, foi colocada por seu pai em uma arca e jogada no mar, a qual acabou sendo lançada pelas ondas na Ilha de Delos. Ali, ela deu à luz um menino e o chamou de Ânio, isto é, "o aflito".[111] Ela depositou o recém-nascido no altar de Apolo, implorando-lhe para receber o menino se acaso fosse mesmo seu pai. Apolo então ocultou a criança, mas depois a criou.

Adonis, o fruto da relação incestuosa entre Esmirna e seu pai, foi depositado em uma arca por Afrodite, e depois entregue a Perséfone, deusa do mundo inferior, para que lhe cuidasse. Todavia, a deusa abriu a arca e encantou-se de tal maneira com a beleza do menino que não mais quis devolvê-lo. Zeus então decide o conflito entre as duas deusas ordenando que a criança permanecesse metade do ano com cada uma.

De modo semelhante, Atena oculta seu filho recém-nascido, Erictônio, em uma pequena arca, onde é vigiado por uma serpente. A deusa entrega a arca às filhas de Cécrope, ordenando que não deveriam de modo algum abri-la. Mas, por curiosidade elas abrem e avistam a criança e a serpente. Aterrorizadas com a visão, elas saem correndo e despencam do rochedo da Acrópole. O menino cresce e mais tarde Cécrope transfere-lhe o poder sobre a Ática.

---

105. Cidade grega na região da Grécia Ocidental. (N.T.)
106. Filisco de Córcira (século III a.C.), poeta trágico grego.
107. Cultos dedicados a Orfeu e à catabase (ida e volta ao mundo dos mortos). Esses cultos serviriam de base para a crença na metempsicose, espécie de reencarnação.
108. Leto, Figura da mitologia grega, amante de Zeus, com quem tem dois filhos, Apólo e Artemis.
109. Ânio, segundo a mitologia grega é filho de Apolo e de uma neta de Dionísio, Reo.
110. Diodoro Sículo (90-30 a.C.), historiador grego.
111. Cf. Santa Genoveva e seu filho "doloroso".

Gilgamesh

Aelianus[112], o qual viveu por volta do ano 200 depois de Cristo, descreve em suas *Tiergeschichten* [Histórias de animais], a narrativa de uma criança salva por uma águia: "Uma das peculiaridades dos animais é seu amor pelo homem, como na história da águia que alimentou uma criança. Para provar o que digo, vou narrar a história inteira. No tempo que Senecoro reinava sobre os babilônios, os sábios caldeus anunciaram que o descendente da filha do rei iria arrebatar o reino de seu avô; essa declaração foi uma profecia dos caldeus. O rei, atemorizado pela profecia, transformou-se em um segundo Acrísio, por assim dizer, vigiando a filha com extremo rigor. Mas, como o destino é mais sábio que o babilônio, a filha deu à luz [a] um menino de um homem de aparência discreta. Temendo o rei, os vigias jogaram a criança da Acrópole, onde a filha do rei estava aprisionada. Foi quando, com sua visão penetrante, a águia avistou a queda do menino e, antes que ele tocasse o solo, carregou-o nas costas, levando-o até um jardim onde cuidou dele com extrema atenção. Quando o guarda do jardim avistou o belo menino, sentiu grande afeição, decidindo criá-lo, dando-lhe o nome de Gilgamesh, o qual mais tarde tornou-se o rei dos babilônios. Se alguém considerar isso uma lenda, eu não me oponho, embora eu tenha investigado o caso com todas as minhas forças. Também ouvi falar que Aquemenes[113], do qual descendem os reis persas, foi igualmente criado por uma águia[114]".[115]

Ciro

A lenda de Ciro, a qual – como me parece, não com pleno direito – é colocada pela maioria dos pesquisadores no centro de todo esse círculo de mitos, nos foi transmitida em diversas versões. De acordo com Heródoto (c. 450 a.C.), o qual afirma (I, 95) que escolheu entre as quatro versões que

---

112. Claudius Aelianus (170-222 d.C.), sofista e professor de retórica romano. Autor de *De natura animalium* [Da natureza dos animais], coleção de 17 livros com histórias e lendas sobre animais.
113. Aquemenes (século VII a.C.), ancestral mitológico dos reis persas. (N.T.)
114. Também de Ptolomeu, filho de Lago e de Arsinoé, conta-se que quando o menino foi abandonado, uma águia o protegeu do sol, da chuva e das aves de rapina. Ver: a fábula de Ganímedes e a águia.
115. AELIANUS, Claudius. *De natura animalium*. Edição alemã: *Tiergeschichten* [Histórias de animais]. Tradução de Friedrich Jacobs. Stuttgart, 1841, XII, 21.

conhecia aquela que lhe parecia ser menos glorificante, a história do nascimento e da juventude de Ciro ocorreu assim (I, 107 e ss.):[116]

Na sucessão do trono dos medos,[117] após Ciaxares, seu filho Astiages assumiu o trono.[118] Astiages tinha uma filha de nome Mandane. *Um dia, ele sonhou que do corpo dela saía tanta água que toda a cidade era inundada e toda a Ásia submergida.* Ele então chamou os interpretadores de sonhos entre os magos de sua corte, e narrou-lhes seu sonho, temendo que lhe contassem toda a verdade. Uma vez que Mandane havia crescido e tornado-se apta a se casar, ele não deu sua mão a nenhum dos medos de sua tribo, mas a um persa chamado Cambises, o qual era de uma família boa e levava uma vida tranquila. Astiages o considerava de um nível inferior a um medo de condições médias. Quando Mandane finalmente tornou-se esposa de Cambises, Astiages teve no primeiro ano outro sonho. Sonhou que do colo de sua filha nascia uma videira que cobria com suas folhas toda a Ásia. Então, o rei novamente chamou os sábios, e mandou também trazer sua filha que estava grávida na Pérsia; e quando ela chegou vigiou-a rigorosamente, porque pretendia assassinar a pequena criança. Isso porque os sábios de sua corte haviam profetizado que o filho de sua filha o substituiria em seu trono. De modo a evitar que isso acontecesse, quando Ciro nasceu ele mandou chamar Harpago[119], seu parente e confidente íntimo, dizendo: "Caro Harpago, te confiarei uma missão a qual deves executar com a mais escrupulosa atenção. Mas, não me enganes e nem deixes que outro homem cumpra essa missão, pois, um grande mal te incorrerá. Toma, pega esse menino que Mandane deu à luz, leva-o para tua casa e mata-o. Depois disso, podes enterrá-lo como bem quiseres".

Harpago então respondeu: "Grande rei, nunca surpreendestes teu servo em desobediência, e mesmo no futuro eu me guardarei de pecar contra ti. Se essa é tua vontade, a mim apenas compete cumpri-la fielmente".

Após dizer isso, a criança toda adornada para a morte foi entregue a Harpago, o qual dirigiu-se para sua casa chorando. E quando ali chegou, contou tudo o que Astiages disse a sua esposa, que respondeu: "O que pensas fazer?".

---

116. LANGE, Friedrich. *Herodots Geschichten* [As histórias de Heródoto] (Reclam). Ver também DUNKER. *Geschichte der Altertums* [História da Antiguidade]. Leipzig, 1880, v. IV, p. 206 ss.

117. Os medos foram uma das tribos de origem ariana que migraram da Ásia Central para o planalto iraniano. (N.T.)

118. Ciaxares foi rei do império persa entre 625 e 584 a.C. Astiages reinou de 596 a 560 a.C. (N.T.)

119. Harpago ou Arpago foi um general dos medos, cujas ações auxiliaram Ciro-II a chegar ao trono Medo-Persa. (N.T.)

Ele então respondeu: "Não vou obedecer a Astiages, mesmo que ele se enfureça dez vezes mais do que agora, ainda assim não vou cumprir sua vontade e manchar-me com tal morte. Tenho diversas razões para isso. Primeiro, o menino é meu parente consanguíneo, e Astiages é um velho e não teve filhos homens. Se acaso ele morrer e o trono passar a sua filha, cujo filho ele quer matar por intermédio de minhas mãos, não corro eu então um grande perigo? Para minha segurança, o menino deve morrer; mas o assassino deve ser da gente de Astiages e não da minha gente".

Assim falou Harpago, enviando logo em seguida um mensageiro para um dos pastores de Astiages, o qual se chamava Mitradates, e, como sabia, habitava bem próximo a um pasto muito íngreme, em uma montanha cheia de feras. A esposa de Mitradates também pertencia à própria gente de Astiages; seu nome era Cyno em grego, e Spako na língua dos medos.[120]

Então, quando o pastor chegou apressadamente, obedecendo as ordens de Harpago, este lhe disse: "*Astiages ordenou que tu pegues esse menino e que o soltes na mais selvagem montanha*, de modo que ele morra o mais cedo possível; ele também me pediu para te dizer": "Se tu não o matares, mas o mantiveres vivo, seja lá de qual modo, tu morrerás da forma mais terrível. Além disso, eu recebi a ordem de verificar se tudo foi realmente cumprido". Após ouvir isso, o pastor pegou o menino e retornou à sua cabana. Sua esposa, que estava grávida, sentiu as dores do parto e deu à luz justamente quando o marido foi para a cidade: de modo que ambos estavam muito preocupados um com o outro. Quando o pastor finalmente chegou, e a esposa o viu retornar de modo tão abrupto, ela perguntou-lhe o motivo pelo qual Harpago mandara chamá-lo com tamanha pressa. Ele então disse: "Querida esposa, quisera eu jamais ter visto o que vi e o que ouvi na cidade, e jamais retornar à casa de nossos senhores. A casa de Harpago estava cheia de prantos e lamentações. Apesar de sentir isso, eu entrei na casa. Quando entrei, avistei um menino adornado de ouro e roupas coloridas. Assim que Harpago me viu, ele me ordenou que pegasse rapidamente o menino e o abandonasse na montanha mais selvagem, dizendo que Astiages assim ordenara, acrescento ainda palavras terríveis para o caso de eu não cumprir a ordem. Peguei então o menino e me retirei pensando que era o filho de um servo qualquer: não poderia jamais sonhar que tivesse sido gerado naquela casa. Mas, a caminho daqui ouvi toda a história, a qual me foi contada

---

120. Sobre o nome *Spako*, ver: GRIMM, Jakob. *Geschichte der deutsche Sprache* [História da língua alemã]. Ammerkung, p. 39, nota.

pelo servo encarregado de me guiar para fora da cidade, segundo o qual, o menino é Ciro, filho de Cambises e de Mandane, a filha de Astiages, e que Astiages havia ordenado que o matassem, e veja: aqui está ele!".

Assim que o pastor terminou de falar, ele descobriu o menino e o mostrou à mulher, e quando ela viu que *era um menino forte e bonito, ela caiu em prantos aos pés do marido, implorando-lhe para que não o deixasse morrer.* No entanto, ele disse que não poderia fazer nada para salvar a criança, pois Harpago iria enviar seu servo para verificar se o havia obedecido; e se não seguisse as ordens de Harpago, ele teria uma morte muito terrível. Então, sua esposa disse: "Já que não posso te comover, então faça o seguinte para que eles vejam uma criança morta: eu também dei à luz uma criança morta; toma e a abandona; nós criaremos o filho de Astiages. Desse modo, tu não serás acusado de desobediência e nem haveremos de incorrer no erro. Além disso, nosso filho natimorto terá um funeral real, e o menino que está vivo será salvo". O pastor fez exatamente o que a esposa lhe implorou e aconselhou. Ele colocou seu filho morto em um cesto, adornado com todas as joias do outro menino, e o abandonou na mais solitária montanha. Após três dias ele anunciou a Harpago que poderia mostrar onde deixara o cadáver. Harpago então enviou seu mais fiel guarda, o qual mandou que se enterrassem o filho do pastor. O outro menino, o qual chamava-se Ciro, foi criado pela mulher do pastor. Ela porém não o chamou de Ciro, mas deu-lhe outro nome.[121]

Quando o menino completou doze anos, ele se revelou por meio do seguinte episódio: ele brincava com outros meninos de sua idade em um vilarejo, onde estava também o gado. As crianças brincavam de "rei", e escolheram como rei o suposto filho do pastor.[122] Ele então ordenou que um dos

---

121. De acordo com Estrabo, o nome com o qual Ciro foi criado pelos pastores foi "Agradates". O nome Ciro (em grego Kyros, isto é, o sol) ele deve ter recebido possivelmente mais tarde quando tornou-se o rei da Pérsia. O nome está inscrito nos mais antigos documentos, em língua babilônica, como "Kurasch", ou seja, "o grande rei", "o rei poderoso", "o rei de Babel". "Kurash" significa em um dos dialetos da Babilônia "pastor" (*Fundamentos de Filologia iraniana*, p. 415).

122. Essa mesma "brincadeira de rei" pode ser encontrada na lenda hindu de *Candragrupta*, o fundador da dinastia Mauria, o qual foi abandonado em um recipiente na soleira de um curral, onde um pastor o encontrou e criou. Mais tarde, o menino foi a uma caçada, e enquanto brincava com outros meninos a brincadeira de rei, ordenou a eles que cortassem as mãos e os pés de um vil criminoso. (O tema muito difundido do decepar as mãos e os pés também surge na lenda de Ciro). Ao seu comando, os membros decepados do criminoso retornaram a seu lugar. Kânakja, o qual observava a brincadeira, admirou-se do menino, comprando-o do pastor por mil *Kârshapana*, descobrindo em casa que ele era um Mauria (De acordo com Lassen: Estudos sobre a Antiguidade hindu, nota 1). Sobre a "brincadeira de rei": Quando

meninos construísse a casa e que o outro fosse o soldado: outro ele nomeou seu confidente e outro seu embaixador, ou seja, deu a cada menino uma tarefa. Porém, um dos meninos que brincavam era filho de Artembare, um homem muito importante entre os medos, e como o menino não quis obedecer as ordens de Ciro, este ordenou que os outros meninos o prendessem. Os meninos o obedeceram, e Ciro o fustigou severamente. Mas, assim que o soltaram ele ficou furioso e correu para a cidade para lamentar-se junto a seu pai, contando o que Ciro fizera. Ele não disse o nome "Ciro", mas, "o filho do pastor". Muito indignado com tudo isso, Artembare então se dirigiu à casa de Astiages, e, afirmando que isso teria sido uma grande ofensa, disse: "Grande rei, recebemos um tratamento muito indigno por parte de seu servo, o filho do pastor", mostrando-lhe os ombros machucados do filho.

Quando Astiages ouviu e viu isso, desejou dar uma satisfação à altura, mandando chamar imediatamente o pastor e seu filho. Quando ambos chegaram, Astiages avistou Ciro e disse: "Tu, filho de um homem tão pequeno te atreveste a tratar com tal desonra o filho de um homem tão honrado para mim?".

Todavia, Ciro respondeu: "Senhor, ele mereceu o que aconteceu. As crianças brincavam no vilarejo (ele também estava brincando), e me elegeram seu rei, pois, acreditavam que eu era o mais digno disso. Os outros meninos fizeram o que lhes foi ordenado, ele porém foi desobediente, não respeitando meu poder. Por isso, recebeu seu castigo. Se por essa razão mereço castigo, olhe, aqui estou eu!".

Ao falar dessa maneira, o menino foi subitamente reconhecido por Astiages, já que os traços de seu rosto eram semelhantes aos seus, e porque a resposta que havia dado era digna de um rei; também pelo fato de que a época em que a criança fora abandonada coincidia com a idade do menino. Isso tocou de tal forma seu coração que o deixou atônito por um bom tempo. Mas, tão logo retornou a si, olhou para Artembare e, de modo a poder falar com o pastor sem testemunhas, disse:

Moisés tinha três anos, em um almoço, ele retirou a coroa do rei e colocou sobre sua cabeça. Bileam, o qual assistiu à cena, advertiu o rei a sacrificar o menino para sua segurança. (Grünbaum: Novas contribuições para o estudo das lendas semíticas). Segundo Josephus (Antiguidade judaica II, 7), seguindo a vontade de sua filha, o Faraó retirou sua coroa e colocou sobre Moisés; o pequeno, todavia, em um gesto infantil jogou a coroa no chão e a chutou; esse fato foi visto como um presságio infeliz para o Faraó. Já Nero mandou afogar seu afilhado Rufius Crispinus porque ouviu dizer que a criança brincava de ser regente e comandante de tropas (Suetônio, c. 35). Ver também as lendas sobre a brincadeira de rei nas lendas gregorianas, nas quais Gregório bate em seu irmão de criação, sendo abandonado por sua mãe de criação.

"Caro Artembare. Vou tomar as providências para que nem você e nem seu filho possam se queixar." Dizendo isso, ordenou que Artembare e seu filho fossem conduzidos para fora, enquanto Ciro foi levado para o interior da casa. Ao ficar a sós com o pastor, Astiages lhe perguntou onde conseguira esse menino, e quem lhe havia dado. O pastor disse porém que era seu próprio filho e que a mulher que o concebeu morava com ele. Astiages disse então que isso havia sido muito imprudente de sua parte, ordenando que o prendessem e buscassem o mais cruel torturador para que contasse a verdade. Ao ser levado ao local de tortura, o pastor confessou a história verdadeira do princípio ao fim, implorando por perdão e misericórdia.

Mas, Astiages não estava furioso com o pastor, o qual lhe contou toda a verdade, mas com Harpago, ordenando aos guardas que o buscassem imediatamente. Assim que Harpago chegou, o rei lhe disse: "Caro Harpago, de que modo deste fim ao filho de minha filha, o qual te entreguei naquela ocasião?".

Ao avistar o pastor, Harpago não procurou dissuadir o rei, temendo ser imediatamente sacrificado, ao contrário, contou-lhe toda a verdade. Astiages, por sua vez, dissimulou a ira que sentia e contou a história que o pastor havia lhe dito, e que o menino estava vivo e era forte e belo. Ao dizer isso, o rei confessou que havia sentido grande remorso por aquilo que cometera, e que as lamentações de sua filha haviam lhe cortado o coração. Mas, como tudo acabou se resolvendo de uma forma tão bela, ordenou que trouxesse o filho para brincar com o recém-chegado e que sentasse à mesa com ele, pois, em agradecimento a esse desfecho queria dar um banquete aos deuses.

Ao ouvir isso, Harpago lançou-se aos pés do rei e agradeceu pela felicidade de ter seu erro perdoado e por ser convidado à mesa pelo rei, dirigindo-se então para casa. Ao chegar em casa ele enviou imediatamente o filho para brincar com o filho do rei – era seu filho único e tinha aproximadamente treze anos – pedindo-lhe que fosse até Astiages e que fizesse o que o rei mandasse, contando a sua esposa alegremente tudo o que ocorrera. Mas, quando o filho de Harpago chegou, Astiages o sacrificou, cortando-o em pedaços, fritando algumas partes e cozinhando outras; quando tudo estava pronto ele guardou cuidadosamente. Quando chegou a hora esperada do banquete, Harpago e outros convidados chegaram. Em frente a Astiages e seus convidados, a mesa estava posta com carne de carneiro, mas para Harpago foi servida a carne do próprio filho, sem a cabeça, os dedos e os artelhos, porém todo o resto. Estava tudo em um cesto, devidamente coberto. Após Harpago comer até parecer saciado, Astiages lhe perguntou se estava satisfeito, ao que ele respondeu que a comida estava muito boa. Os servos então trouxeram-lhe outro cesto, onde estavam a cabeça, as mãos e os pés de seu filho, oferecendo-lhe para que se servisse do que quisesse. Harpago obedeceu. Porém, ao descobrir o cesto viu os restos de seu filho. E quando avistou aquilo, não ficou aterrorizado, mas encarniçado. Então, Astiages lhe perguntou se ele acaso sabia de qual animal selvagem ele havia acabado de comer a carne, e ele respondeu que sabia muito bem, e estava de acordo com tudo o que o rei fizera. Ao falar isso, ele apanhou o cesto e dirigiu-se para casa, onde queria, penso eu, enterrar os restos do filho.

Essa foi a vingança que Astiages preparou contra Harpago; mas ainda faltava resolver a situação de Ciro, então, ele mandou chamar os mesmos sábios que lhe aconselharam anteriormente, questionando o modo como interpretaram o sonho que tivera. Os sábios responderam da mesma forma: o menino deve se tornar rei se permanecer vivo, se não perecer antes. Então, o rei respondeu: "O menino está vivo e está aqui em casa. Ele fora criado no interior, e um dia enquanto brincava com outros meninos, foi escolhido para ser seu rei. Todavia, ele fez tudo como se fosse um verdadeiro rei, dando ordens a guerreiros, guardas e enviando embaixadores. O que os senhores acham que significa essa brincadeira?".

Os sábios responderam: "Se o menino está vivo e tornou-se rei sem a ajuda de ninguém, tu podes ficar muito feliz, pois não se tornará rei novamente. Nós também já presenciamos como sonhos se realizam de uma forma insignificante".

O rei então respondeu: "Tenho a mesma opinião de vocês, sábios, de que o sonho se realizou, já que o menino foi chamado de rei, de modo que não devo temer mais nada que venha a acontecer. Ainda assim, digam-me o que é mais seguro para minha casa e para vocês".

Os sábios responderam: "Envie o menino imediatamente para outro lugar onde tu não o vejas, mande-o para a terra dos persas para ser criado por outros pais".

Ao ouvir esse conselho, Astiages se alegrou muito, mandando chamar Ciro, a quem disse:

"Meu filho, eu cometi uma grande injustiça contra ti, guiado que fui por um sonho enganoso, mas, tua boa sorte salvou-te a vida. Agora, vá de bom ânimo para a Pérsia, para onde te farei ser conduzido. *Lá tu vais ter um pai e uma mãe que não são o pastor Mitradates e sua esposa*". Assim falou Astiages, enviando imediatamente Ciro. Ao chegar à casa de Cambises e Mandane, eles o receberam com muita alegria, principalmente após descobrirem quem realmente era, pois acreditavam que o filho havia morrido, mas desejavam saber como o filho sobrevivera. Ele então lhes disse que pensava ser o filho de um pastor, mas um dos homens que o conduziram até a Pérsia lhe contou toda a verdade. Ciro afirmou que fora criado pela esposa do pastor, elogiando-a imensamente, assim como a cadela Spako, a qual surgia diversas vezes nas histórias que contava. Seus pais guardaram em sua memória o nome da cadela. Assim, eles tornariam a história ainda mais maravilhosa, contando a todos que *uma cadela havia amamentado o menino abandonado*.

Mais tarde, instigado por Harpago, Ciro conduz uma guerra contra os medos, os quais vence em uma batalha. Astiages é capturado ainda vivo, mas Ciro não lhe faz mal algum, ao contrário, o mantém preso até o fim de seus dias. O relato de Heródoto se encerra com essas palavras: "Os persas e Ciro reinaram desde então por sobre toda a Ásia. Essa é a história do nascimento de Ciro e de como foi criado e se tornou rei".[123]

O relato de Pompeu Trogo[124] foi conservado em um excerto de Justino:[125] Astiages teve uma filha, mas nenhum herdeiro homem. Em um sonho ele viu crescer do colo da filha uma videira, cujos ramos cobriam toda a Ásia. Os sábios esclareceram que o sonho significava que a filha daria à luz um menino cuja força o faria perder o domínio sobre seu reino. Por temor de que o sonho se concretizasse, Astiages não concedeu a mão de sua filha a nenhum homem de prestígio entre os medos, mas a um homem de posses modestas de nome Cambises, do então desconhecido povo dos persas. Mas, ainda assim Astiages não se sentiu seguro, e quando a filha ficou grávida chamou-a para junto de si, de modo a dar um fim no filho recém-nascido. Quando o menino nasceu, ele o entregou a Harpago, um amigo e confidente, para que ele o matasse. Harpago, por sua vez, temendo que após a morte de Astiages sua filha se vingasse por ter matado

---

123. É notável que a lenda do fundador do Segundo Império Persa, Artachsir, tenha traços maravilhosos e românticos semelhantes à lenda de Ciro. Cf. NOELDECKE. *Aufsatz zur persische Geschichte* [Ensaio sobre a história persa]. Leipzig, 1887, o qual também traduziu a história de Artachsir a partir do Pehlevi [antiga língua indo-europeia ocidental]. A mesma matéria é tratada por Firdusi em *Schahname* (Cf. GUTSCHMIED. *Zeitsch. d. D. M. G.* [Revista de história dos mitos]. 34, 585 ss.). De acordo com Schmidt em sua *Geschichte der Ostmongolen* [História dos mongóis do leste], Ciro, o fundador do Império do Tibet (século IV antes de Cristo) também tem uma história parecida com a história da infância de Ciro narrada por Heródoto.

124. Gnaeus Pompeius Trogus, Historiador galo-romano do século I a.C.

125. Justino: Excerto da *História filípica Pompeu Trogo* (1, 4 até 7). Até onde se pode reconhecer no excerto de Justino, as narrativas de Trogo tem como fundamento as histórias persas de Deinon (primeira metade do século IV a.C.).

seu filho, entregou o menino ao pastor do rei para que o abandonasse nas montanhas. Na mesma época em que Ciro nasceu, também o pastor teve um filho. Quando sua esposa ouviu do marido que o filho do rei havia sido abandonado, ela implorou para ver o menino. O pastor deixou-se comover pelas súplicas da mulher e retornou até a floresta com ela. Ali, ele encontrou uma cadela ao lado do menino, a qual o amamentava enquanto afugentava as aves de rapina e as feras. Ao avistar essa cena, o pastor foi tomado de compaixão. Ele então apanhou o menino e o levou para sua casa, sendo seguido pela cadela. Quando sua esposa tomou o menino nos braços, ele sorriu como se já a conhecesse; e como era forte e saudável, e havia lhe comovido com seu sorriso gracioso, ela pediu que o marido levasse o próprio filho no lugar daquele menino, permitindo que ela o criasse, porque via nos olhos do menino que ele tinha um grande destino, o qual o colocara sob seus cuidados.[126] Assim, os dois meninos trocariam seu destino: um seria criado no lugar do filho do pastor, enquanto o outro seria abandonado.

A continuação desta versão, que se assemelha à original, concorda em muitos detalhes com a versão de Heródoto.

Uma versão inteiramente diversa desse mito nos chegou por meio do relato de um contemporâneo de Heródoto, Ctésias;[127] apesar do desaparecimento de grande parte de sua obra, um fragmento dessa lenda se conservou por meio do relato de Nicolau de Damasco.[128] O fragmento de Nicolau[129] repõe de forma sucinta a narrativa de Ctésias (que ocupava um livro inteiro): Após Arbaces,[130] Astiages foi o mais nobre rei entre os medos. Em seu reino ocorreu a grande mudança, quando os medos perderam o poder para os persas, pela razão a seguir. Havia uma lei entre os medos, a qual estabelecia que se um homem pobre procurasse um homem rico para ser alimentado e protegido, ele deveria ser alimentado, vestido e mantido como escravo; e, se acaso o rico não tivesse condições de alimentar e cuidar do pobre ele estaria livre para procurar outro senhor. Assim, um menino de nome Ciro, nascido entre os medos, procurou o servo do rei, o qual comandava a segurança do palácio. Ciro era o filho de Atradate, um homem que tornara-se pobre após ter sido saqueado, e de Argoste, sua esposa; o casal vivia da criação de cabras. Em razão da fome e da miséria em que vivia, Ciro tornou-se escravo do palácio, o qual limpava

---

126. Algumas palavras faltam em alguns manuscritos.
127. Ctésias de Cnido, historiador e médico grego (século V a.C.). (N.T.)
128. Historiador e filósofo grego (64 a.C.-10 d.C.). (N.T.)
129. Nicolau de Damasco. Fragmento 66. Pérsia, 2, 5.
130. De acordo com Ctésias, foi um dos generais de Assurbanipal, rei da Assíria e fundador do Império dos Medos (c. 830 a.C.). (N.T.)

diariamente, e, como se mostrou muito zeloso, o servo do rei lhe deu roupas melhores e o retirou do grupo de servos que limpavam a parte externa do palácio, levando-o para o grupo que limpava o interior. Lá ele apresentou o menino ao responsável pela limpeza, mas esse capataz era muito severo e frequentemente açoitava Ciro. Por essa razão, o menino foi trabalhar com o acendedor de luzes do palácio, o qual lhe era simpático e o levou até a proximidade do rei. Mas, como Ciro também se distinguiu entre esses trabalhadores, ele logo foi notado por Artembare, responsável por servir a mesa do rei com vinho. Artembare incumbiu Ciro de servir o rei. Não levou muito tempo até Astiages perceber a habilidade do menino em servir à mesa de forma elegante e ágil, o que o levou a perguntou a Artembare a origem do menino. "Senhor", respondeu Artembare, "é um escravo teu, um persa de nascimento, da tribo dos Mardi, o qual entregou-se a mim para que lhe salvasse a vida." Artembare era já um ancião, e, quando um dia caiu enfermo, ele pediu ao rei para que pudesse permanecer em casa até se curar: "Em meu lugar, quem lhe servirá o vinho será o jovem que tu elogiastes, e, se gostares dele, então eu, o eunuco, o adotarei como meu próprio filho". Astiages ficou muito satisfeito com o menino e Artembare o teve em alta estima, como a um filho. Desse modo, Ciro encontrava-se ao lado do rei, dia e noite, demonstrando grande perícia e prudência. Desde então, o rei Astiages o tratou como o filho de Artembare, presenteando-lhe frequentemente, até que o menino cresceu e tornou-se conhecido em toda parte.

Mas Astiages tinha uma filha nobre e bela.[131] O rei deu a mão da filha a um medo de nome Spitama, dando-lhe como dote toda a terra dos medos. Nessa época, Ciro chamou seu pai e sua mãe da terra dos medos, e eles alegraram-se com a aparência do filho. A mãe então contou-lhe sobre o sonho que tivera quando estava grávida dele e que ao pastorear as cabras acabara adormecendo em um templo: sonhou que saía tanta água do corpo dela que inundava toda a Ásia, indo desaguar no mar. Quando o pai dele ouviu esse sonho, ordenou que se perguntassem aos Caldeus na Babilônia. Ciro mandou que o mais sábio entre os Caldeus fosse chamado, contando-lhe o sonho que a mãe tivera. O sábio então esclareceu-lhe que o sonho trazia-lhe grande sorte e que haveria de ter grande dignidade na Ásia; todavia, Astiages não devia saber nada sobre esse sonho, "senão ele irá imediatamente matar a ti e também a mim, o intérprete do sonho", disse o babilônio. Ambos então juraram não contar a ninguém sobre essa grande e maravilhosa profecia. Mais tarde, Ciro teve glórias ainda maiores, transformando seu pai em Sátrapo da Pérsia,[132] e sua mãe se tornou uma das mulheres de mais prestígio e poder entre as persas.

---

131. Essa filha chamava-se Ctesia Amyti (e não Mandane).
132. Sátrapo era o nome dado aos governadores das províncias (Satrapias) na Pérsia antiga. (N.T.)

Todavia, pouco tempo mais tarde, Ebares, um confidente de Ciro, assassinou o sábio babilônio. Ao ouvir a notícia de que Ciro preparava secretamente uma incursão para a Pérsia, a esposa do sábio contou ao rei o sonho promissor que seu marido interpretara. O rei então enviou os cavaleiros atrás de Ciro, com a tarefa de capturá-lo vivo ou morto. Mas, Ciro soube livrar-se de seus perseguidores, escapando ao cerco. Finalmente, a guerra sobreveio e Ciro venceu os medos, tomando inclusive Ecbatana,[133] onde capturou a filha de Astiages, seu esposo Spitama, assim como os dois filhos do casal. Astiages não foi encontrado porque Amyti e Spitama haviam-no ocultado na cobertura do telhado do palácio. Então, Ciro ordenou que torturassem Amyti, seu marido e os filhos para que confessassem onde estava Astiages. Nesse momento, para evitar que seus familiares fossem torturados, Astiages entregou-se livremente. Por haver mentido sobre o paradeiro do rei, Ciro mandou que Spitama fosse executado, tomando Amyti como esposa. Ciro então libertou Astiages, o qual Ebares havia aprisionado a pesadas correntes, e o honrou como um pai, transformando-o em Sátrapa dos barcanos.

A versão de Heródoto sobre a lenda de Ciro é muito semelhante à história da juventude do rei herói iraniano Kaikhosrav, a qual é narrada no *Sahname*, de Firdusi, restituída em toda sua extensão por Spiegel:[134] Durante uma guerra entre o rei Kaikaus, da Batriana, e o rei Afrasiab, de Turan, Kaikaus entra em discórdia com o próprio filho, Siavaks, o qual pede socorro e proteção ao rei Afrasiab. O filho de Kaikaus é acolhido amistosamente por Afrasiab, o qual, por influência dos conselhos de seu Vizir, resolve inclusive entregar-lhe a própria filha, Feringis, em casamento, apesar da profecia de que o filho que nascesse dessa relação lhe traria uma grande infelicidade no futuro. Garsèvaz, um irmão do rei e parente próximo de Siavaks, por inveja inventa uma calúnia contra ele, fazendo com que o rei Afrasiab o atacasse com seu exército. Antes do nascimento de seu filho, Siavaks tem um sonho onde é alertado que lhe é destinado sofrimento e morte, enquanto seu filho terá glória e poder. Em razão do sonho ele tenta fugir de Afrasiab, mas é capturado e morto por ordem do Shah[135]. Sua esposa grávida é salva das mãos do carrasco por Piran, o qual obtém a permissão de levar a mulher para sua casa, com a ordem de que deveria mostrar ao rei o menino tão logo ele nascesse. Uma noite, Piran sonha que a sombra do morto Siavaks lhe anuncia que seu vingador nasceu, e quando acorda encontra o menino recém-nascido no colo de Ferin-

---

133. Ecbatana, capital da Pérsia tomada por Ciro em 549 a.C. (N.T.)
134. SPIEGEL, Friedrich. *Iranische Altertumskunde* [Estudos sobre a Antiguidade iraniana]. Leipzig, 1907. (N.T.)
135. Shah, "rei", título dos monarcas da Pérsia. (N.T.)

gis, dando-lhe o nome de Kaikhosrav. Por sua vez, Afrasiab não insiste no assassinato do menino, mas ordena a Piran que o entregue junto com uma ama de leite a um pastor, o qual deverá levá-lo para um destino desconhecido e criá-lo sem contudo saber o segredo de seu nascimento. Mas, logo a origem nobre do menino é revelada por sua coragem e seu comportamento, e como Piran o mantém em casa novamente, Afrasiab fica desconfiado e pede que o apresentem. Porém, por conselho de Piran, Kaikhosrav se mostra um menino tolo.[136] Tranquilizado pelo jeito inofensivo do menino, o Shah resolve enviá-lo para sua mãe Feringis. Mais tarde, Kaikhosrav é coroado rei por seu avô Kaikaus. Após longas e sangrentas batalhas ele consegue, com a ajuda divina, capturar Afrasiab. Kaikhosrav corta-lhe a cabeça, e ordena que Garsèvaz também seja decapitado.

Com base nesse tema da loucura dissimulada e outros motivos semelhantes, Jiriczek[137] levanta a hipótese de que a lenda de Hamlet é uma variante da lenda iraniana de Kaikhosrav, uma teoria que foi desenvolvida também por Heinrich Lessmann (A lenda de Ciro na Europa). Lessmann demonstra que a lenda de Hamlet concorda de um modo surpreendente em alguns detalhes com a lenda de Brutus e Tell, apontando também para a história de David, como é narrada nos livros de Samuel. Nessa narrativa, o filho do rei, David, é transformado em um pastor, o qual consegue ascender desde uma posição social inferior até o trono do rei. Ele recebe igualmente a mão da filha do rei Saul em casamento, e o rei também ameaça sua vida; mas, David é salvo dos maiores perigos de um modo maravilhoso, escapando da perseguição ao fingir estar louco e ao apresentar-se como um tolo.[138]

A lenda finlandesa de Kullervo[139] tem claras semelhanças com a lenda de Hamlet. Untamo, em guerra contra seu irmão Kalervo, o assassina juntamente com todos os seus familiares, até mesmo uma mulher grávida que dá à luz um menino chamado Kullervo. Temendo o que o destino reserva

---

136. Ver igualmente a prova de tolice de Moisés (de acordo com Bergel: 1) Um dia no palácio, Moisés coloca a coroa do rei sobre sua cabeça, fazendo com que se fizesse o teste para saber se ele estava destinado a grandes feitos: Colocam-se dois recipientes à sua frente, um cheio de ouro, e outro cheio de carvão em brasas. Ele pega o carvão em brasa, coloca o dedo queimado na boca, chamuscando sua língua, o que faz com que desde então torne-se gago. Do mesmo modo, Siegfried queima o dedo no sangue fervente do dragão, e, ao colocar o dedo na boca aprende a compreender a linguagem dos pássaros.

137. JIRICZEK, Otto Luitpold. Hamlet in Iran [Hamlet no Irã]. *Revista da Associação de Estudos da Antiguidade*, v. 10, 1900, p. 353 ss. (N.T.)

138. Jiriczek chama a atenção para o caráter bíblico de todo esse círculo mítico: na morte de Siavaks ele encontra traços da paixão do Salvador.

139. Kullervo é o herói trágico da mitologia finlandesa, cuja narrativa está inserida na epopeia nacional Kalevala. (N.T.)

ao menino, Untamo pretende livrar-se dele: O menino é colocado em uma cesta e abandonado no rio, mas ele sobrevive à água (afogamento), ao fogo e ao ar (enforcamento). Ele então torna-se servo do rei, tendo a função de divertir, como um bobo da corte, indo após o trabalho para Ilmarine, onde se encontra sua família. A caminho de casa, sem que soubesse que era sua irmã, ele subjuga uma jovem que tomava banho no rio (cf. o mesmo destino de Ofélia), e quando ambos reconhecem quem ele é, Kullervo afirma que preferia ter morrido quando era criança (o pessimismo de Hamlet!). Ao final, ele entra em guerra contra Untamo, mas ao retornar para casa não encontra sua família, cometendo suicídio no mesmo lugar onde abusara da própria irmã.

Entre as mais antigas versões dos povos nórdicos, o episódio de Kallerwo é a única matéria da épica. O herói da Estônia chama-se Kalew--Poeg, "filho de Kaew". Seu pai morre antes de seu nascimento, e sua mãe é roubada por um mágico finlandês. O menino nada atrás de sua mãe até a Finlândia. Em uma ilha ele domina uma menina (esquecendo como em Ofélia os traços da irmã), a qual afoga-se. Para libertar sua mãe, ele mata o mágico, mas encontra a mãe já morta. Então, ele dirige-se ao mundo dos mortos, vindo a ser morto pela própria espada (Hamlet!).[140]

Na épica finlandesa Kalevala, o herói Waïnämoïnen nasce da mãe água, a qual engravida do vento e das ondas. O herói permanece por muito tempo entre as águas, até que finalmente acaba na costa. Ali, ele tenta seduzir a irmã de Jankahainen metamorfoseando-se em um belo jovem. Apesar de não o querer, a jovem joga-se no mar e o salva das redes dos pescadores. Mais tarde ela o joga novamente no mar, fazendo com que ele nade por vários dias até que uma águia o salva.

O mito iraniano de Feridun demonstra certa semelhança, ainda que distante, com a lenda de Kaikhosrav, do modo como Firdusi o narra em seu livro "Lendas de heróis persas". Zohâk,[141] o rei do Iran, um dia vê em sonho três homens de sangue real. Dois nobres estão curvados respeitosamente perante um terceiro, mais jovem, que segura com a mão direita uma clava decorada com a cabeça de um touro e avança em direção ao rei derrubando-o no chão e atacando-o com a clava. Os intérpretes de sonhos

---

140. Sobre as lendas de Kallerwo, ou seja, sobre a semelhança entre a saga de Kallerwo e Hamlet, ver o ensaio de Helsingfor que compara essas sagas. (N.T.)

141. O nome Zohâk é uma deformação do antigo nome persa "Ahsi dahaka", (Azis-Dahaka), "serpente venenosa" (ver a lenda de Feridun na Índia e no Irã estabelecida por R. Roth na *Revista Alemã de Cultura Oriental*, II, p. 216). A lenda iraniana de Feridun corresponde à lenda indiana de Trita, cujo duplo avéstico é Thraetona. Essa última versão do mito mencionada é a que menos se acredita; em decorrência dessa transmissão surgem nomes como Phêduna, Fredun ou Afredun; Feridun é mais uma deformação da lenda original. Sobre esse tema, ver: SPIEGEL, Friedrich. *Estudos sobre a Antiguidade iraniana*, I, p. 537 ss.

esclarecem ao rei que o jovem herói é Feridun, da estirpe de Dschemschid o qual iria destroná-lo. Zohâk começa imediatamente a buscar o inimigo. Feridun é filho de Abtin, neto de Dschemschid. Seu pai tenta se esconder da vingança do tirano, mas é capturado e morto. É a mãe de Feridun, Firânek, quem salva o pequeno menino, entregando-o aos cuidados de um pastor em um bosque longínquo. Ali ele permanece por três anos, sendo amamentado pela vaca Purmâje; mas, como sua mãe acredita não estar mais segura no bosque, ela o leva para a montanha Albur e o entrega a um ermitão. Logo após isso, Zohâk chega ao bosque e mata tanto o pastor quanto a vaca Purmâje. Quando Feridun faz dezesseis anos, ele desce da montanha Albur e descobre sua verdadeira origem por intermédio de sua mãe e jura vingar a morte do pai e da ama de leite. Os irmãos mais velhos Purmâie e Kayânush auxiliam Feridun na batalha que empreende contra Zohâk. A clava que ele manda forjar é adornada com a cabeça de um touro, em memória da vaca que foi sua ama de leite; é com a clava que, como o sonho prenunciara, ele bate em Zohâk.

Tarkhan

Uma história semelhante é narrada sobre o abandono e o salvamento de Tarkhan, rei de Gilgit, cidade localizada a 5.000 pés de altitude, nas eternas neves do Himalaia, na época do domínio de uma poderosa estirpe. Tarkhan era descendente dessa estirpe, que governava a região no início do século XIII. De acordo com diversos relatos, os quais narram suas experiências e atos heroicos, ele teria sido um rei muito orgulhoso.[142] De acordo com Frazer,[143] a narrativa do nascimento e do abandono do herói é seguinte: Seu pai, Tra-Tarkhan, rei de Gilgit, casou-se com uma mulher que pertencia a uma família de Darel. Apaixonado pelo jogo de polo, ele ia toda semana para Darel para jogar com os sete irmãos da esposa. Em um desses jogos, eles apostaram que o vencedor deveria assassinar o opositor; ao final de uma dura batalha, o rei vence e mata os sete irmãos da mulher. A esposa vinga imediatamente o assassinato dos irmãos envenenando o rei, em cujo lugar ela passa então a reinar. Um mês após o funeral do rei, a esposa dá à luz um filho dele, o qual ela dá o nome de Tarkhan. Todavia, não

---

142. BIDDNEPH, Major J. *Tribes of the Hindoo Koosh* [Tribos de Hindoo Koosh]. Calcutá, 1880. MUHAMMED, Ghulam. *Festivals and Folk-lore of Gilgit. Memoirs of the Asiatic Society of Bengal* [Festivais e Folclore de Gilgit. Memórias da Sociedade asiática de Bengali]. Calcutá, v. I, n. 7, 1905, p. 124 ss.
143. FRAZER, James Georg (1854-1941). *The Folklore in the Old Testament* [O folclore no Antigo Testamento]. Londres, 1919, v. II, p. 452.

suportando ver o filho do assassino de seus irmãos, ela o coloca em uma caixa de madeira e o joga secretamente no rio. A correnteza leva a caixa até Hoder, um vilarejo no distrito de Chilas. Ali, dois pobres irmãos avistam a caixa, e por acreditarem tratar-se de um tesouro trazem-na para a terra. Para não levantar suspeita alguma, os irmãos ocultam a caixa em uma trouxa e levam-na para casa, onde, para sua surpresa, encontram um menino, o qual sua mãe então cria com grande cuidado. Com a criança chega também grande fortuna a sua casa, de modo que os irmãos logo tornaram-se ricos e estimados. Ao completar 12 anos, o menino adotado resolve ir viver na cidade de Gilgit, da qual havia ouvido falar bastante.

Então, seus dois irmãos adotivos o acompanham até a cidade. No caminho, os três fazem uma pausa no topo de uma montanha, em um vilarejo chamado Belda. E, como a matriarca do lugar estava muito doente, apesar de ser ainda a rainha de Gilgit, o povo buscava um sucessor, o qual viria de algum lugar para reinar sobre eles. Em uma das manhãs, os galos do vilarejo não cantaram como costumeiramente o faziam, ao invés disso cantaram "Beldas tham bayi", que significava algo como "Há um rei em Belda". Nesse momento, todos os homens do vilarejo foram enviados a procurar os estrangeiros que se encontrassem ali. Eles então trouxeram os três irmãos, levando-os perante a rainha. Como Tarkhan era belo e de aparência nobre, a rainha volta-se a ele, descobrindo sua história no decorrer da conversa que tem com ele. Para sua felicidade e surpresa ela reconheceu no menino o filho que acreditava ter perdido havia muito tempo, o qual havia jogado no rio em um impulso de dor e vingança. Então, ela o abraçou e o tornou o legítimo rei de Gilgit.

Rômulo

De acordo com Mommsen,[144] a versão original da narrativa de Rômulo e Remo, encontrada em Fabio Pictor, o mais antigo analista romano,[145] é a seguinte: Amulio, rei de Alba, ordenou que os gêmeos nascidos de Ilia, a filha do rei Numitor, seu predecessor, e do deus Marte, deveriam ser jogados no rio. Os servos do rei então pegaram os gêmeos e os leva-

---

144. MOMMSEN, Theodor. *Die echte und due falsche Acca Larentia* [A verdadeira e a falsa Acca Larentia]; *Festgaben für G. Homeyer* [Escritos em homenagem a G. Homeyer]. Berlim, 1871, p. 93 ss. Ver também: *Römische Forschungen* [Pesquisas romanas]. Berlim, 1879, II, p. 1 ss. Mommsen reconstruiu a antiga narrativa de Fabius Pictor a partir de relatos preservados por Dionísio (1, 79-83) e Plutarco (Romulus).
145. Quinto Fabio Pictor, o mais antigo historiador romano, viveu no século III a.C. (N.T.)

ram de Alba até o rio Tibre, no monte Palatino. Mas, quando os servos tentaram descer o monte até o rio para cumprir a ordem do rei, eles o encontraram transbordando, de modo que não conseguiram encontrar seu leito. Assim, eles empurraram o berço onde estavam as crianças na margem rasa do rio, mas logo a correnteza bateu no berço, jogando-o contra uma pedra; aos gritos, as crianças foram arremessadas na lama. Nesse momento, uma loba que havia parido não muito tempo atrás, e cujo leite ainda era abundante, ouviu o choro dos meninos e lhes ofereceu as tetas; e os meninos mamaram o leite da loba, e enquanto bebiam o leite eles a lambiam; um pica-pau também voou por sobre os meninos, trazendo igualmente alimento para eles. Era o pai que vigiava seus filhos, pois o lobo e o pica-pau são animais sagrados do pai Marte. Um dos pastores do rei, o qual passava por ali levando os porcos de volta pela trilha liberada pela água, surpreso ao ver a cena chamou os companheiros, e encontraram a loba amamentando os meninos, os quais consideravam-na como uma mãe. Os homens fizeram um grande barulho para afugentar a loba. Ela, todavia, não se deixou assustar pelos pastores, ainda que lentamente, sem importar-se de modo algum com os homens, desapareceu por detrás do templo sagrado de Fauno, entre uma garganta da montanha por onde nascia uma fonte de água, para dentro da floresta. Os homens então apanharam os meninos e os levaram até Faustolo, que era o chefe pastor do rei, pois eles diziam que os deuses não queriam que os meninos perecessem. *Mas, a esposa de Faustolo havia acabado de dar à luz um filho natimorto e estava muito triste. Assim, o marido lhe entregou os gêmeos e ela os amamentou e criou, chamando-os de Rômulo e Remo.* Quando o rei Rômulo fundou Roma, mandou construir sua casa na margem onde seu berço foi depositado. A garganta por onde a loba havia desaparecido chama-se desde então a garganta da loba, Lupercal; nesse local mais tarde foi erigida a estátua de bronze da loba com os dois gêmeos. Desde então a loba é honrada pelos romanos como uma divindade.[146]

---

146. A loba do Capitólio é considerada uma obra antiquíssima de artistas etruscos; segundo Livio (X, 23) foi erigida em Lupercal no ano de 296 a.C. Soltau buscou provas de que a loba com os gêmeos tinha uma origem da Campanha ou helênica. Uma moeda didrachma (com o valor de duas dracmas) da Campanha mostra uma representação na qual uma loba cuida atenciosamente de duas crianças as quais amamenta, enquanto a imagem mais antiga que se encontra no Capitólio mostra uma loba aflita, afugentando os inimigos e com o olhar fixo para frente, em uma imagem que quase não demonstra seu papel de "*altrix infantium*" (ama dos meninos). Soltau infere que essa imagem mais antiga da loba foi adaptada ao papel de ama de leite dos gêmeos.

A lenda de Rômulo sofreu mais tarde diferentes elaborações, substituições, interpolações e versões;[147] a mais conhecida versão é a de Lívio (I, 3 ss.); ali é possível conhecer um pouco mais sobre os antecedentes históricos e o destino tardio dos gêmeos.

O rei Proca transmitiu a seu filho primogênito Numitor o poder real. Todavia, o irmão mais jovem, Amúlio, afastou o primogênito do trono tornando-se ele mesmo o rei. Para que a família de Numitor não gerasse nenhum filho o qual pudesse reivindicar o poder por vingança, o rei mandou matar todos os descendentes homens do irmão; já a filha de Numitor, Reia Silvia, ele sequestrou e – para dar uma impressão nobre – ordenou que se tornasse uma vestal, na esperança de que jamais tivesse filhos. Ainda assim, a vestal foi possuída à força, e, ao dar à luz a gêmeos ela afirmou – por convencimento ou por acreditar que a história de um deus como pai seria mais nobre do que admitir a violência sexual sofrida – que Marte era o pai dos filhos. De acordo com a narrativa do abandono dos recém-nascidos no rio Tibre, a história continua: o berço onde estavam os gêmeos boiava em águas rasas, depois foi jogado nas margens do rio, quando então uma loba, atraída pelo choro dos meninos, os encontrou, protegeu e amamentou. Um pouco depois, os meninos foram encontrados pelo chefe pastor do rei, que se chamava Faustolo, o qual então os levou para casa e os entregou a sua esposa Larentia, que os criou como filhos. Alguns intérpretes dessa lenda acreditam que Larentia, por haver feito comércio do próprio corpo, era chamada de "loba" pelo pastor, o que então dera origem à lenda maravilhosa.

Quando tornaram-se jovens, Rômulo e Remo protegiam o rebanho do ataque de animais selvagens e de ladrões. Um dia, os ladrões capturam Remo e o acusam de roubar o rebanho, entregando-o a Numitor para ser castigado. Todavia, tocado pela juventude de Remo, Numitor fica sabendo da história dos gêmeos e acaba desconfiando que pudessem ser seus netos, os quais haviam sido abandonados. Enquanto Numitor observava a semelhança de Remo com os traços do rosto de sua filha e meditava sobre a relação entre a idade do menino e a época do abandono, Faustolo chegou com seu outro filho, Rômulo; e quando ficam sabendo da história contada por Faustolo sobre como encontrara os meninos, todos se armam e decidem fazer uma conjuração para devolver o trono a Numitor. Após o assassinato de Amulio, Numitor é reconduzido ao poder, enquanto os jovens decidem

---

147. Todas essas representações foram reunidas por Albert Schwegler em sua *Römischen Geschichte* [História de Roma]. v. I, p. 384 ss.

fundar uma cidade nas proximidades do lugar onde foram abandonados. Quando chega a hora de decidir qual dos gêmeos deve ser o soberano da recém-fundada cidade – e como a regra que prescreve o poder ao primogênito não serve a nenhum dos dois – acontece um terrível conflito entre os irmãos. De acordo com a lenda, para o escárnio do irmão, Remo salta por sobre o novo muro da cidade, fazendo com que o irado Rômulo o mate. Assim, Rômulo torna-se o único soberano da cidade, a qual é chamada de Roma em sua homenagem.

De acordo com a interpretação de historiadores e filólogos (Ranke, Ribeck, Trieber, Reich, Ed. Meyer, Soltau[148]), os quais buscaram um modelo específico da transmissão da tradição mítica, a lenda de Rômulo foi deduzida da história de Tiro, de Sófocles (cerca do século III a.C.) e transferida para Roma. Tiro, filha do rei Salomoneus, dá a luz dois filhos de Poseidon, Neleu e Pélias, os quais são abandonados pela madrasta de Tiro em uma tina no rio Enipeu; mas os meninos sobrevivem de uma forma maravilhosa ao serem amamentados e criados por uma cadela (ou por uma jumenta, de acordo com outra versão da lenda). A mãe dos meninos é encarcerada pelo pai, Salomoneus, sendo ali torturada pela madrasta Sidero, até que mais tarde o filho crescido a liberta, toma o poder do pai tirano e vinga-se de Sidero pelo sofrimento causado a sua mãe.

Semelhante à lenda da fundação de Roma é a história grega dos gêmeos Anfião e Zeto, os quais fundaram Tebas, a cidade de sete portas, cujo famoso muro foi construído com enormes blocos de pedras que Zeto carregou das montanhas e que Anfião, com a música de sua lira, juntou magicamente. Anfião e Zeto eram considerados filhos de Zeus e de Antíope, filha do rei Nicteu, que então foge para escapar do castigo do pai, o qual morre de desgosto; todavia, Lico, irmão de Nicteu, promete vingança contra Antíope. Nesse ínterim, ela havia se casado com Epopeu, rei de Sicião. Lico então assassina Epopeu e traz Antíope como prisioneira. A caminho de Tebas ela da à luz os gêmeos, abandonando-os na estrada. Um pastor encontra os meninos e os cria, dando-lhes o nome de Anfião e Zeto. Mais tarde, Antíope consegue escapar das torturas de Lico e de sua esposa Dirce e busca refúgio no monte Citerão, exatamente no lugar onde estavam os gêmeos. O pastor contou então aos irmãos que Antíope era sua mãe. Os gêmeos então assassinam Dirce de um modo cruel e tomam o poder de Lico.

---

148. SOLTAU, Wilhelm. *Die Entstehung der Romuluslegende* [O surgimento da lenda de Rômulo]. Arquivos de Ciência da Religião, XII, 1, 1909.

Não é possível pormenorizar aqui as outras variações de lendas de gêmeos.[149] Em sua maioria elas envolvem um mito antiquíssimo, complexo e muito difundido, desenvolvendo uma complicação do mito do nascimento, na qual os gêmeos surgem como inimigos e cujo tratamento parte de uma outra tradição.[150] A razão de separar esse elemento mitológico de nosso tema é dada pelo caráter tardio e secundário do tipo de gêmeo nos mitos de nascimento. No que se refere à lenda de Rômulo, Mommsen[151] afirma que ela possivelmente origina-se de uma narrativa que versava apenas sobre Rômulo, e que a figura de Remo foi inserida mais tarde, de um modo arbitrário, quando foi necessário transmitir uma das antigas tradições do mito.

Hércules[152]

Após a perda de numerosos filhos, Electrião promete desposar sua filha Alcmena com Anfitrião, o filho de seu irmão Alceu. Mas, como em razão de um acidente infeliz Anfitrião torna-se culpado da morte de Electrião, ele então foge com sua noiva para Tebas. Todavia, Alcmena apenas aceita casar-se com Anfitrião com a condição de que ele vingasse a morte do irmão dela contra o rei dos Telebanos; por essa razão, ele se afasta de Tebas. Quando já havia dominado Pterelau, rei do povo inimigo, e todos os habitantes da ilha, ele então toma o caminho de volta para Tebas. Nesse ínterim, Zeus toma a figura humana de Anfitrião e se apresenta a Alcmena como seu futuro esposo, entregando-lhe uma taça de ouro como prêmio pela suposta vingança sobre o inimigo;[153] de acordo com o relato feito pelos poetas

---

149. Algumas lendas gregas de gêmeos foram descritas por Schubert (op. cit., p. 13) de acordo com seus traços essenciais. É possível observar a transmissão dessas lendas comparando o confuso livro de J. H. Becker, o qual utiliza as lendas de gêmeos como chave para decifrar tradições de tempos primitivos, com uma tabela das lendas sobre gêmeos. SCHUBERT, Friedrich von. *Sophokles Aias* [O Ajax, de Sófocles]. Leipzig, 1891.

150. Sobre esse assunto, ver minha obra: *Inzestmotiv in Dichtung und Sage* [O tema do incesto na poesia e nas lendas], parte II; assim como as partes XI, XII e XII de *Psychoanalytische Beiträge zur Mythenforschung* [Contribuições de análise psicológica para a pesquisa sobre mitos], 1919.

151. MOMMSEN, Theodor. *Die Remuslegende* [A lenda de remo]. Berlim, 1906. (N.T.)

152. De acordo com PRELLER, Ludwig. *Griech. Mythologie* [Mitologia grega]. Leipzig, 1854, v. II, p. 120 ss.

153. Um mesmo exemplo de transformação do gerador divino na figura do pai humano pode ser encontrada na história do deus egípcio Hatshepset (*c.* 1500 a.C.), o qual relata que o deus Amon tomou a figura de seu pai Thothmes primeiro e possuiu sua mãe Aahames. Ver: BUDGE, E. A. Wallis. *A history of Egypt IV, Books on Egypt and Chaldaea* [A história do Egito IV, Livros sobre o Egito e a Caldeia]. v. XII, p. 21 ss.

posteriormente, o deus dorme com a bela virgem por três noites consecutivas, já que havia atrasado o curso do sol. Ao final da mesma noite, contente pela vitória e ardente de desejos, Anfitrião chega a Tebas. Algum tempo depois, chega o dia em que o fruto do abraço entre o divino e o humano deve vir à luz,[154] e Zeus anuncia aos deuses que seu filho será um dos mais poderosos heróis no futuro. Todavia, Hera, sua esposa ciumenta, ao tomar conhecimento de que o primeiro neto de Perseu que nascesse seria o soberano sobre todos os outros descendentes. Ela então dirige-se para Micenas para adiantar rapidamente o nascimento de Euristeu, filho de Estênelo e Nicipe, atrasando com todo tipo de magia o parto de Alcmena, assim como havia feito no nascimento de Apolo, deus da Luz. Alcmena então dá à luz Hércules e Íficles,[155] o qual, apesar de ser bem diferente daquele, tanto na coragem quanto na força, será o pai de seu fiel amigo Iolao. Assim Euristeu vira rei de Micenas, na terra dos Argivos, e Hércules, cumprindo a profecia de Zeus, torna-se seu submisso.

Sobre a forma como Hércules é alimentado quando criança, os antigos poetas narram que ele, como todas as crianças de Tebas, fora alimentado pela poderosa água de Dirce. Mais tarde outra versão foi narrada: por temor do ciúme de Hera, Alcmena abandona o filho recém-nascido em um

---

154. Uma semelhante mistura de paternidade humana e divina é narrada no mito do nascimento de Teseu, cuja mãe, Aitra, uma amante de Poseidon, na mesma noite dorme com o deus e com o rei Egeu, o qual não tinha filhos e fora embebedado. O menino nasceu e foi criado ocultamente, sem que o pai o soubesse. Sobre Egeu, ver *Roschers Lexikon* [Léxico de Roscher].

155. Alcmena deu à luz Hércules, filho de Zeus, e Íficles, filho de Anfitrião. De acordo com Apolodoro (2,4,8), eles eram gêmeos, ou seja, nasceram ao mesmo tempo; segundo outros relatos, Íficles nasceu uma noite após Hércules. O caráter arbitrário dos irmãos gêmeos e a relação inconsistente com o todo da lenda chama a atenção novamente. O mesmo ocorre com Télefo, filho de Augeas, o qual foi abandonado junto com Partenopeu, filho de Atalanta, sendo ambos amamentados por uma cerva e mais tarde levados por pastores ao rei de Corinto. Também nesse caso a inserção tardia de um segundo menino parece claramente arbitrária. O tema dos gêmeos, dos quais apenas um é de parte imortal também compõe a lenda de Castor e Polideuces, cuja mãe, Leda, dorme na mesma noite com Zeus e com seu marido Tindareu. (Apolônio, III, 10, 7 e Higino, fábulas, 80). Helena, a outra filha de Leda, é gerada por um deus metamorfoseado em cisne. Leda oculta o ovo do cisne em uma caixa, criando mais tarde Helena, que nasce do ovo. (Apolônio, III, 10, 6). Nesse contexto há também uma tradição japonesa que se baseia nos mesmos temas. A deusa japonesa Bunso – mais tarde chamada de Bente – dá à luz 500 ovos. Temendo que se transformassem em dragões, a deusa então coloca os ovos em uma caixa e a joga na correnteza do rio. Um pescador encontra a caixa onde dois meninos estão saindo das cascas dos ovos. Mais tarde esses meninos conseguem chegar ao palácio, onde são reconhecidos pela mãe, compondo seu cortejo divino. (BRAUNS, David. *Japanische Märchen und Sagen* [Contos de fadas e lendas japoneses], p. 160). Ver também a p. 355, onde narra-se que a deusa Benten transforma seus filhos em serpentes para evitar que eles contraiam o matrimônio.

lugar que ainda em épocas posteriores chamava-se o campo de Hércules. Após o abandono do menino, Atena e Hera chegam ao local. Contemplando a bela figura do menino, Atena convence Hera a amamentá-lo, todavia, o menino suga com tamanha força o peito de Hera, causando-lhe tal dor que ela o arremessa sem querer ao solo. Atena então carrega o menino para próximo da cidade, *levando-o para a rainha Alcmena, sem saber de sua gravidez, pedindo-lhe que por misericórdia cuidasse da criança*. Esse estranho caso é realmente maravilhoso. Negando o dever maternal, a mãe verdadeira deixa o filho perecer, e a madrasta, tomada de ódio pelo recém-nascido salva sem saber o próprio inimigo (de acordo com Diodoro, IV, 9, traduzido por Wurm, Stuttgart, 1831). Hércules sugou apenas algumas gotas de leite do peito de Hera, mas elas foram suficientes para dar-lhe a imortalidade. A tentativa de Hera de assassinar o menino com duas serpentes também falha: ao acordar, a criança esmaga as cobras com um único aperto das mãos. Quando criança, em razão de um castigo injusto que sofre, Hércules bate em seu preceptor Lino, e Anfitrião, temendo a ferocidade do menino, envia-o para as montanhas, onde, segundo alguns relatos, ele é criado por pastores, como Anfião, Zeto, Ciro e Rômulo. Ali ele vive da caça, em meio à natureza livre (Preller II, 123).

Schmidt (Jonas, p. 125) vê na narrativa de um homem engolido por um monstro marinho e salvo de um naufrágio a lenda do salvamento do herói em sua forma original.

A lenda hindu do herói Krishna lembra alguns detalhes do mito de Hércules. Krishna – como muitos heróis – escapa da morte quando criança, sendo criado por Iasoda, a esposa de um pastor. Um dia surge uma criatura demoníaca, enviada pelo rei Kansa para matar o menino. Na casa, a criatura transforma-se em ama de leite, mas quando tenta amamentar o menino é reconhecida por Krishna o qual a morde com tal força (assim como ocorre com Hera e Hércules, que ela também queria matar) que ela morre. (*A história da juventude do deus-pastor Krishna é narrada no denominado Harivamsa*).

Jesus

O *Evangelho de Lucas* (1:26-35) narra a anunciação do nascimento de Jesus.

"O anjo Gabriel foi enviado por Deus a uma cidade na Galileia, chamada Nazaré, a uma virgem esposa de um homem de nome José da casa de Davi; o nome da virgem era Maria. O anjo aproximou-se dela e disse: 'Ave, cheia de graça, o senhor é contigo, bendita és tu entre as mulheres'. Quando viu o anjo, ela assustou-se com seu modo de falar e pensou: 'que tipo de saudação é está?'. E o anjo então respondeu: 'Não temas, Maria, pois encontras-te graça diante de Deus. Eis que conceberás e darás à luz um filho, e lhe porás o nome de Jesus. Ele será grande e chamar-se-á Filho do Altíssimo, e o senhor Deus lhe dará o trono de seu pai Davi; e reinará eternamente na casa de Jacó, e seu reino não terá fim'. Então, Maria perguntou ao anjo: 'Como se dará isso, pois não conheço homem?'. Respondeu-lhe o anjo: 'O Espírito Santo descerá sobre ti, e a força do Altíssimo te envolverá com a sua sombra. Por isso o ente santo que nascer de ti será chamado Filho de Deus.'"

O *Evangelho de Mateus*[156] completa esse relato (I:18-25) por meio da narrativa do nascimento e da infância de Jesus:

"Eis como nasceu Jesus Cristo: Maria, sua mãe, estava desposada com José. Antes de coabitarem, aconteceu que ela concebeu por virtude do Espírito Santo. José, seu esposo, que era homem de bem, não querendo difamá-la, resolveu rejeitá-la secretamente. Enquanto assim pensava, eis que um anjo do Senhor lhe apareceu em sonhos e lhe disse: 'José, filho de Davi, não temas receber Maria por esposa, pois o que nela foi concebido vem do Espírito Santo. Ela dará à luz um filho, a quem porás o nome de Jesus, porque ele salvará o seu povo de seus pecados'. Tudo isso aconteceu para que se cumprisse o que o senhor falou pelo profeta: Eis que a virgem conceberá e dará à luz um filho que se chamará Emanuel, que significa: Deus conosco. Quando acordou do sonho, José fez aquilo que o anjo do Senhor havia mandado e recebeu em sua casa sua esposa. E, sem que ele a tivesse conhecido, ela deu à luz o seu filho, que recebeu o nome de Jesus."

Aqui é importante inserir a versão completa do nascimento de Jesus segundo o *Evangelho de Lucas* (III:4-20).

---

156. Para demonstrar também no sentido formal a completa identidade da história do nascimento e da infância de Jesus com os outros mitos do nascimento do herói é possível comparar os trechos relacionados de diversas versões e do Evangelho, sem levar em consideração a interdependência histórica, e a originalidade das partes individuais. Sobre a idade, a origem e a veracidade dessas partes é possível encontrar relatos em SOLTAU, Wilhelm. *Die geburtsgeschichte Jesu Christi* [A história do nascimento de Jesus Cristo]. Leipzig, 1902. Deixamos de lado igualmente as versões contraditórias dos Evangelhos de acordo com a obra de Usener, *Geburt und Kindheit Christi* [O nascimento e a infância de Jesus], 1903, em *Vorträge und Aufsätze* [Preleções e Ensaios], Leipzig, 1907, porque nossa tarefa é exatamente esclarecer as contradições surgidas na tradição de transmissão das narrativas dos mitos do nascimento, não importando se esses mitos encontram-se inseridos em lendas unitárias ou em diferentes versões (como, por exemplo, em Ciro). Hugo Greszmann, em 1914, ou seja, seis anos após a publicação da primeira edição da presente investigação, levantou a hipótese de que a narrativa inserida no Evangelho poderia ter como fundamento uma história de abandono da criança. (*Das Weihnachtsevangelium*) [O Evangelho do Natal].

"José também subiu da Galileia, da cidade de Nazaré, na Judeia, à cidade de Davi, chamada Belém, porque era da casa e família de Davi, para se alistar com sua esposa Maria, que estava grávida. Estando eles ali, chegou o tempo dela dar à luz. E ela deu à luz seu filho primogênito, e, envolvendo-o em faixas, colocou-o em uma manjedoura porque não havia outro lugar no albergue.[157] No mesmo local havia alguns pastores os quais cuidavam de seus rebanhos nos campos durante as vigílias da noite. Então, um anjo do Senhor apareceu-lhes e a glória do Senhor resplandeceu junto a eles, fazendo com que tivessem grande temor. E o anjo disse-lhes: 'Não temais, eis que vos anuncio uma boa nova que será alegria para todo o povo; pois hoje nasceu na cidade de Davi um Salvador, que é Cristo, Senhor. Isto lhes servirá de sinal: achareis um recém-nascido envolto em faixas e posto numa manjedoura'. E de repente, juntou-se ao anjo uma multidão do exército celeste, que louvava a Deus e dizia: 'Glória a Deus no mais alto do céu, paz na terra e benevolência aos homens'. E quando os anjos os deixaram e voltaram ao céu, os pastores falaram entre si: 'Vamos até Belém e vejamos o acontecimento que o Senhor nos anunciou'. E foram todos com grande pressa, encontrando José, Maria e o menino deitado na manjedoura. Ao vê-los, os pastores lhe contaram o que o anjo havia lhes dito sobre esse menino. E todos os que ouviam suas palavras admiravam-se das coisas que lhe contavam esses pastores.

Mas Maria guardava todas essas palavras, meditando sobre elas em seu coração. Os pastores retornaram glorificando e louvando a Deus por tudo o que tinham ouvido e visto, e que tudo estava de acordo com o que lhes fora dito."

Continuamos a narrativa seguindo o *Evangelho de Mateus* (capítulo 2):

"Ora, tendo Jesus nascido em Belém, na Judeia, no tempo do rei Herodes, eis que os magos vieram do Oriente a Jerusalém. Ao chegar na cidade eles perguntaram: 'Onde está o rei dos judeus que acaba de nascer? Vimos a sua estrela do Oriente e viemos adorá-lo'. Quando o rei Herodes ouviu esta notícia ficou assustado e com ele toda Jerusalém. O rei então convocou todos os principais sacerdotes e os escribas entre o povo, indagando-lhes onde haveria de nascer Cristo. E eles responderam: em Belém, na Judeia. Herodes então chamou secretamente os magos e perguntou-lhes

---

157. Sobre o nascimento de Jesus em uma gruta e a decoração do lugar com os animais típicos (boi e burro), ver: JEREMIAS. *Babylonisches im Neuen Testament* [O babilônico no Novo Testamento]. Leipzig, 1905, p. 56. Ver também PREUSCHEN. Jesu Geburt in einer Höhle [O nascimento de Jesus em uma gruta]. *Revista de Ciência*, 1902, p. 359.

sobre a época exata em que o astro havia lhes aparecido. E após ordenar que fossem para Belém ele lhes disse: 'Ide e informai-vos bem a respeito do menino. Quando o tiverdes encontrado, comunicai-me para que eu também possa adorá-lo'. Após ouvir as palavras do rei, eles partiram. E eis que a estrela que tinham visto no Oriente os foi guiando até chegar por sobre o lugar onde o pequeno menino estava e ali parou. Ao ver a estrela eles encheram-se de alegria. Ao entrar na casa eles acharam o menino com Maria, sua mãe. Nesse momento eles prostraram-se diante do menino e o adoraram. Depois, abrindo seus tesouros, ofereceram-lhe como presentes ouro, incenso e mirra. Avisados por Deus em sonhos para não retornarem a Herodes eles voltaram para sua terra por outro caminho. Depois que eles haviam partido, um anjo do Senhor apareceu em sonhos a José e disse: 'Levanta-te, pega o menino e sua mãe e foge para o Egito; permaneça lá até que eu te avise, porque Herodes vai procurar o menino para matá-lo'. José então levantou-se no meio da noite, tomou a criança e a mulher e fugiu para o Egito; e permaneceu ali até a morte de Herodes, cumprindo a profecia do Senhor que dizia: 'Eu chamei meu filho do Egito'. Ao ver que tinha sido enganado pelos magos, Herodes ficou muito irado e mandou matar em Belém e nos arredores todos os meninos de até dois anos, conforme a data exata que os magos o haviam instruído. Após a morte de Herodes eis que o anjo apareceu em sonhos a José no Egito dizendo: 'Levanta-te e retorna para a terra de Israel porque morreram aqueles que queriam acabar com a vida do menino'. E José levantou-se, tomou a mulher e o pequeno filho e retornou para a terra de Israel. Todavia, ao ouvir que Arquelau reinava na Judeia em lugar de seu pai Herodes, José teve medo de retornar para lá. Novamente avisado em sonhos ele então dirigiu-se para a Galileia, onde foi morar em uma cidade chamada Nazaré, para que se cumprisse o que foi anunciado pelos profetas: Ele será chamado de Nazareno."[158]

Lendas semelhantes ao nascimento de Jesus foram transmitidas pela tradição de outras religiões. Assim é a história de Zoroastro, o qual vi-

---

158. De acordo com pesquisas recentes, a história do nascimento de Jesus Cristo tem grande semelhança com uma lenda egípcia de mais de mil anos antes de Cristo sobre o nascimento do rei Amenófis III. Nessa lenda é possível encontrar a anunciação divina do nascimento de um menino feita à esperançosa rainha; sua fecundação através de um hálito de fogo divino, a vaca divina que amamenta o recém-nascido, as homenagens dos reis, entre outras semelhanças. Sobre esse assunto, ver: MALVERT, A. *Wissenschaft und Religion* [Ciência e Religião]. Frankfurt, 1904, p. 49, assim como as considerações do professor Issleibs em Bonn, *Feuilleton d. Frankurt Zeitung* [Folhetim do Jornal de Frankfurt], 8 nov. 1908.

veu aproximadamente no ano 1000 antes de Cristo.[159] Dughda, sua mãe, quando estava no sexto mês de gravidez, sonhou que os espíritos maus e bons lutavam para apropriar-se do embrião de Zoroastro: um monstro então o arrancou do ventre da mãe; todavia, um deus luminoso venceu o monstro e recolocou o embrião no ventre da mãe, e insuflando ar em Dughda ele a engravidou. Quando despertou, ela rapidamente dirigiu-se a um intérprete de sonhos, o qual todavia apenas pôde esclarecer-lhe o sonho maravilhoso em três dias: a criança que ela carregava no ventre seria um homem de grande importância; as nuvens negras e a montanha de luz significavam que, primeiramente, tanto ela quanto o filho teriam de aguentar muita infelicidade por conta dos tiranos e dos inimigos, mas que eles venceriam todos os perigos. Dughda então dirigiu-se imediatamente para casa, narrando tudo o que ouvira a seu marido, Pourushacpa. Assim que nasceu, o menino parecia sorrir, o que tornou-se o primeiro milagre a chamar a atenção para ele. Os magos anunciaram o nascimento do menino como um funesto presságio ao príncipe do reino, Durânsarûn, o qual então dirigiu-se prontamente à casa de Pourushacpa para apunhalar o menino. Mas sua mão de repente paralisou, e ele teve de se retirar sem cometer o mal planejado. Esse foi o segundo milagre. Logo após isso, os espíritos malignos roubaram o menino da mãe e o levaram para o deserto a fim de matá-lo, mas Dughda encontrou o menino dormindo tranquilamente. Esse foi o terceiro milagre. Mais tarde, por ordem do rei, Zoroastro deveria ser pisoteado por uma manada de bois em uma rua bem estreita.[160] Todavia, o maior boi entre todos os outros protegeu o menino entre suas patas, evitando que ele sofresse qualquer mal; esse foi o quarto milagre. O quinto milagre é apenas uma repetição do anterior. Os cavalos deveriam concretizar o que os bois se recusaram a fazer. Mas, novamente um cavalo protegeu o menino dos cascos dos outros cavalos. Então, Durânsarûn mandou matar todos os filhotes de uma loba, enquanto os lobos mais velhos estavam ausentes, e Zoroastro foi colocado em seu lugar. Porém, um deus tirou toda a fúria dos lobos, de modo que eles não fizeram mal algum

---

159. Otto Rank indica o século X, mas Zoroastro viveu no século VI a.C. Também conhecido por seu nome persa Zaratrusta foi o fundador do Masdeísmo ou Zoroatrismo, a primeira religião monoteísta. (N.T.)

160. Elementos idênticos são possíveis de encontrar na lenda céltica de Habis, transmitida por Justin (44, 4). Habis, filho ilegítimo de uma filha do rei é perseguido de todas as formas por seu avô Gargoris, mas é salvo diversas vezes pela providência, até que finalmente é reconhecido pelo avô, alcançando o trono. Assim como na lenda de Zaratrusta é possível encontrar aqui uma série de métodos de perseguição: primeiro ele é abandonado, mas é amamentado por animais selvagens; após isso, ele deve ser pisoteado por um cavalo em uma trilha; além disso, animais esfomeados são jogados perto dele, mas eles apenas o amamentam; finalmente, ele é jogado no mar, mas o mar o joga suavemente na margem, onde ele é amamentado por uma cerva, pela qual ele também é criado.

ao menino. Ao contrário, duas vacas divinas aproximaram-se e ofereceram-lhe as tetas, deixando o menino mamar. Esse foi o sexto milagre por meio do qual Zoroastro foi salvo.[161]

Traços semelhantes são também encontrados na história de Buda, o qual viveu cerca de seis séculos antes de Cristo:[162] a longa esterilidade dos pais, o sonho, o nascimento do menino a céu aberto,[163] a morte da mãe e sua substituição por uma mãe adotiva, a anunciação do nascimento aos príncipes da região e mais tarde a perda do menino no templo (assim como acontece com Jesus; Cf. Lucas 2, 40-52).

Não temos uma tradição literária detalhada sobre o nascimento de Mitra[164], mas felizmente algumas esculturas permitem reconhecer traços claros. Elas demonstram (de acordo com Roscher) como Mitra nasceu em um penhasco (em uma gruta do penhasco), "Mitra portava na cabeça uma touca frígia, enterrado até os joelhos em uma rocha, circundado por uma serpente. Em uma das mãos o deus porta uma faca, sua habitual arma, na outra mão uma tocha. Em algumas esculturas surge no penhasco a figura de um deus dos rios, ao seu lado, talvez porque a cena do nascimento de Mitra deu-se ao lado de uma correnteza. Além disso, em numerosos

---

161. Cf. SPIEGEL. *Eranische Altertumskunde* [Estudos sobre a Antiguidade iraniana]. v. I, p. 688 ss.; assim como BRODBECK. *Zoroaster* [Zoroastro]. Leipzig, 1893.
162. HARDY, K. Spence. *A Manual of Budhism* [Manual de Budismo]. Londres, 1853, p. 501.
163. O nascimento de Bodhisattwa é narrado em *Lalita Vistara* (traduzido por S. Lefmann; Berlim, 1874) do seguinte modo: Em uma assembleia de deuses em Tuisitahimmel, o qual Buda precisou abandonar em razão de sua reencarnação, é decidido que ele deve entrar no colo em doze anos. Antes da reencarnação, Buda discute com os deuses sobre o tipo de figura que deve tomar para entrar no colo de sua mãe; os deuses então sugerem doze figuras, mas apenas na décima terceira eles chegam a um acordo. "Um elefante de figura majestosa, adornado de peças de douro, belo e brilhante, com a cabeça avermelhada movimentando-se para cima e para baixo." (*Lalita Vistara*, p. 33 ss.). Em Nidânakathâ, a introdução e comentário do livro de Jâtaka, a reencarnação de Buda é descrita da seguinte forma: "Então, Bôdhisattwa, havia tomado a forma de um elefante branco e permanecia nas proximidades de uma montanha dourada. Descendo da montanha ele veio do norte, tocou com sua tromba prateada uma flor branca fazendo um ruído altíssimo. Após isso, ele entrou na casa dourada, deu três voltas ao redor do lugar onde se encontrava sua mãe, tocou o lado direito de seu corpo e entrou de uma vez em seu ventre". No momento da reencarnação de Bodhisattwa uma luz iluminou os dez mil mundos, e sua mãe o viu em seu ventre da mesma forma que é possível ver um filamento amarelo brilhante em uma pedra preciosa, e ela então o carregou como se carrega óleo de sésamo em um recipiente. Ao nascer, ele saiu do ventre de sua mãe – sem manchar-se em razão da permanência no útero da mãe – do mesmo modo que entrou, branco, puro e brilhante, como que em uma veste de puro algodão adornado com pedras preciosas. (DUTOIT, J. *Das Leben des Budha* [A vida de Buda]. Leipzig, 1906, p. 4 ss.). Sobre o nascimento de Buda, ver também: SACHSEN. *Abh. d. Säch Akad. d. Wiss. Phil. Hist. Kl.* [Tratado da Academia de Ciência, Filosofia e História]. v. 26, p. 93.
164. Divindade do sol, da sabedoria e da guerra na mitologia persa. (N.T.)

baixos-relevos é possível ver alguns pastores, os quais se escondem atrás das rochas para observar o milagre, o que sem dúvida remete à narrativa da lenda do nascimento de Mitra. Outras duas representações que são vistas juntas na lenda iraniana parecem ter relação com uma inundação e com um enorme incêndio. Um touro – esse animal tem um papel muito importante no culto a Mitra – é carregado em uma canoa por sobre a água, ao seu lado encontra-se uma pequena habitação a qual é incendiada por um homem vestido com trajes asiáticos (Mitra?). O touro mítico escapou assim dos perigos representados pelas duas pragas que o queriam afugentar. (ROSCHER, p. 3.048).

Sigfrido

A antiga saga nórdica Thidrek, aproximadamente do ano 1260, transmitida pela tradição oral dos islandeses, e por meio das antigas canções narra o nascimento e a juventude de Sigfrido:[165] Ao retornar de uma guerra, o rei Sigmundo de Tarlunga repudia a esposa Sisibe, a filha do rei Nidungs da Espanha, a qual é acusada de adultério com um servo do conde Hartvin, um inoportuno cortejador que ela havia rejeitado. Os conselheiros do rei o aconselham a não matar a inocente, mas a torná-la muda. Hartvin recebe a tarefa de levá-la à floresta, cortar-lhe a língua e trazer ao rei como prova. Seu acompanhante, conde Hermann, opõe-se a cumprir a ordem cruel e sugere levar ao rei a língua de um cachorro. Enquanto os dois condes entram em um conflito feroz, Sisibe dá à luz um menino maravilhoso; "então, ela apanhou um vaso de vidro que tinha consigo, e após enrolar o menino em panos, colocou-o no vaso de vidro, fechou cuidadosamente e colocou o vaso ao seu lado" (Raszmann). Durante a luta, Hartvin foi morto, mas ao cair atingiu o vaso de vidro com os pés, fazendo com que ele rolasse até a correnteza do rio. Quando a rainha presenciou essa cena, ela desmaiou, morrendo logo depois. Hermann dirigiu-se ao palácio e após contar o ocorrido ao rei foi expulso do reino. "A correnteza levou o vaso de vidro até o mar, justamente quando começava a maré baixa. Então o vaso de vidro ficou enroscado em um recife de coral enquanto o mar se retraía, de modo que onde o vaso permaneceu estava tudo seco. Como a criança se moveu, o vaso

---

165. Cf. RASZMANN, August. *Die deutsche Heldensage und ihre Heimat* [As lendas de heróis alemães e sua pátria]. Hannover, 1857-1858, v. II, p. 77 ss.; ver também JIRICZEK, Otto Luitpold. *Die deutsche Heldensage* [As lendas de heróis alemães], Coleção Göschen; e a introdução de PIPER, Paul à obra *Die Nibelungen* [Os Nibelungos], em *Kürschners deutscher Nationalliteratur* [Literatura Nacional Alemã]. De acordo com Boer a história do nascimento foi inserida tardiamente na lenda de Sigfrido.

de vidro caiu e quebrou-se em dois, fazendo com que o menino chorasse" (Raszmann). Uma cerva ouviu o lamúrio do menino e, prendendo-o em seus cornos, o levou até sua cova, onde ela o amamentou junto a seus filhotes pequenos. Após haver passado um ano na cova da cerva, o menino tornou-se grande e forte, como outros meninos de quatro anos. Um dia, quando Sigfrido corria no bosque ele aproximou-se da casa de Mimir, um ferreiro sábio e famoso, o qual era casado já havia nove anos mas não tinha filhos. Ele viu o menino que a cerva havia amamentado, levou-o para casa e resolveu criá-lo como seu filho. Ele deu-lhe o nome de Sigfrido. Logo Sigfrido tornou-se enorme e fortíssimo na casa de Mimir, mas sua rebeldia fez com que o pai adotivo resolvesse livrar-se dele. Assim, Mimir envia-o ao bosque, onde seu irmão, o dragão Regin, deveria matá-lo. Mas, Sigfrido mata o dragão e também mata Mimir; depois disso ele busca refúgio com a ninfa Brunhilde, que lhe revela quem são seus pais.[166]

Uma lenda australiana sobre o nascimento e a juventude de Wolfdietrich[167] possui temas semelhantes à história da juventude de Sigfrido. Sua mãe também é acusada por um rejeitado vassalo do rei Hugdietrich de Constantinopla de haver cometido adultério e de intrigas diabólicas.[168] O rei ordena ao fiel Berchtung a tarefa de matar o menino, o qual, todavia, leva-o até um bosque e o abandona em um riacho, na esperança que ele venha a morrer afogado. Mas, o menino escapa da morte brincando e até mesmo as feras (leões, ursos e lobos), os quais aproximam-se para beber água, não lhe fazem mal algum. Admirado de tudo isso, Berchtung decide

---

166. De acordo com Boer, Sigfried surge para a ninfa Brunhilde como um salvador desconhecido por sobre a água (assim como acontece com Lohengrin, Scëaf, Wieland, entre outros).

167. Ver: *Deutsches Heldenbuch* [Livro alemão de heróis]. Berlim, 1871, parte III, v. 1, organizado por V. Amelung e Jaenicke, onde é possível encontrar igualmente a segunda forma (B) da lenda de Wolfdietrich. Ver também SCHNEIDER: *Die Gedichte und die Sage von Wolfdietrich. Unters. Über ihrer Entstehungsgesch* [A história e a lenda de Wolfdietrich. Investigação sobre a história de seu surgimento]. Munique, 1913. Wilhelm Grimm comparou a história do nascimento de Wolfdietrich com a lenda de Rômulo, em *Haupts zeitsch. f. d. Altert*. [Revista de Haupt sobre a Antiguidade]. Müllendorf demonstrou as relações históricas dessa lenda.

168. O tema da calúnia da senhora por um pretendente rejeitado em conexão com o abandono da criança e a amamentação por algum animal (como uma cerva) compõe o núcleo da história de Genovefa e seu filho Schmerzenreich, como, por exemplo, os irmãos Grimm narram em sua obra *Deutschen Sagen* [Lendas alemãs] (Berlim, 1818, II, p. 280). Também nesse caso, o caluniador infiel recebe a tarefa de afogar a condessa e o menino na água. Sobre a orientação histórica desse tema, ver: ZACHER, J. *Die Historie von der Pfalzgräfin Genovefa*. Königsberg, 1860; e, SEUFFERT, B. *Die Legende der Pfalzgräfin Genovefa* [A história da condessa Genovefa de Pfalz]. Würzburg, 1877. Outras narrativas de senhoras suspeitas de infidelidade e punidas podem ser encontradas em minha investigação *Das Inzestmotiv in Dichtung und Sage* [O tema do incesto na literatura e nas lendas], no cap. XI.

salvar o menino; ele o entrega ao guardião daquele bosque, que junto com sua esposa criam o menino, dando-lhe o nome de Wolfdietrich. Semelhante ênfase no tema dos animais é encontrado na lenda de Schalû, o menino lobo hindu (cf. JÜLG. *Mongolische Märchen* [Lendas mongóis]. Innsbruck, 1868).

Outros poemas épicos tardios trazem argumentos análogos: assim, por exemplo, no século XIII a lenda de Horn, filho de Alufe, o qual é abandonado no mar, mas posteriormente consegue chegar à corte do rei Hunlaf, e, depois de muitas aventuras, conquista a filha do rei, Rimhilt.

Outro detalhe que recorda muito a lenda de Sigfrido encontra-se na saga de Wieland, o ferreiro, o qual, depois de haver vingado o pai morto de forma pérfida, cobre-se com as joias e os utensílios de seu mestre e desce o rio Weser dentro de um tronco de árvore. (HAGEN. *Schwanensagen* [Lendas de cisnes], 524).

Por fim, na lenda de Arthur é também possível encontrar a mescla da paternidade divina e humana, o abandono e a história do crescimento do herói entre homens humildes.

Tristão

O mesmo esquema da lenda de Feridun é desenvolvido na lenda de Tristão, do modo como é narrado no poema épico de Gottfried von Straszburg, sobretudo a história preliminar, que retorna como o destino do herói (duplicação). Rivalen, rei da Parmenia, conheceu em uma viagem o rei Marcos da Cornualha e da Inglaterra, e sua bela irmã Blancaflor, pela qual apaixona-se perdidamente. Um pouco mais tarde, quando auxiliava Marcos em um combate, Rivalen é ferido mortalmente. Transportado para Tintaiole, o rei corre perigo de vida, mas Blancaflor disfarça-se de pedinte e consegue chegar à sua tenda, onde presta-lhe socorro, conseguindo salvá-lo por meio de sua abnegação. Após isso, ela foge com seu amado para o país dele (obstáculo) onde é proclamada sua esposa. Todavia, Morgan, apaixonado por Blancaflor, invade o país de Rivalen, que confia a mulher grávida de um filho a seu fiel marechal Rual, o qual deveria então mantê-la em segurança no castelo de Kanoel. *Ali, ela morre dando à luz um menino, enquanto seu marido perece em guerra contra Morgan.* De modo a proteger o recém-nascido, Rual espalha a notícia de que ele havia nascido já morto, e lhe dá o nome de Tristão, porque foi concebido e parido na dor. Sob a tutela dos pais adotivos Tristão cresce vigoroso no corpo e em espírito, até que, quando tinha 14 anos é raptado por comerciantes norugueses, os quais, por temer a cólera dos deuses o abandonam na costa da Cornualha. Ali ele é encontrado por alguns guerreiros do rei Marcos, que gosta tanto do belo e inteligente menino que logo o torna seu mestre de caças (carreira) e o coloca sob sua inteira proteção. Enquanto isso, o fiel Rual sai à procura do menino roubado pelos mercados e cidades, até que chega à Cornualha onde encontra Tristão e revela ao rei Marcos sua verdadeira origem. O soberano, feliz por ter encontrado o filho de sua falecida irmã, torna-o seu cavaleiro. De modo a vingar a morte do pai, Tristão dirige-se então com Rual a Parmenia, onde derruba o usurpador Morgan e, em homenagem a sua fidelidade, coloca no trono Rual e retorna para o reino de Marcos na Cornualha.[169]

Na lenda original de Tristão há uma repetição do motivo principal. A serviço de Marcos, Tristão mata Moraldo, esposo de Isolda, sendo salvo por ela de uma ferida mortal que recebe na luta. Apesar de querer tomar Isolda como esposa, em obediência ao juramento que fizera, Tristão deve levá-la para a Cornualha, onde ela se casará com seu tio Marcos. Isolda segue para a Cornualha contra sua vontade. Durante a travessia para a Cornualha os dois bebem inconscientemente um elixir mágico que os une em um amor indissolúvel. Eles decidem então quebrar o juramento de fidelidade a Marcos, e na noite de núpcias de Isolda e Marcos, ao invés de Isolda é sua fiel serva, Brangäne, quem dorme com o rei Marcos. Em decorrência da traição, Tristão é banido do reino da Cornualha. Apesar das diversas tentativas que faz para encontrar a amada – e ainda que tivesse casado com Isolda das mãos brancas – ele não consegue jamais revê-la. Ferido mortalmente em batalha, Tristão pede que lhe tragam Isolda, mas quando ela chega é tarde demais e ele já está morto.[170]

Encontramos uma versão bem mais clara da lenda de Tristão – no sentido dos temas que caracterizam o mito do nascimento do herói – no conto de fadas "A esposa verdadeira", citado por Riklin[171]: Um casal real

---

169. De acordo com CHOP. *Erläuterungen zu Wagners Tristan* [Anotações sobre o Tristão de Wagner]. Biblioteca Reclam. (N.T.)

170. Cf. IMMERMANN. *Tristan und Isolde. Ein Gedichte in Romanzen* [Tristão e Isolda, um poema em romanças]. Düsseldorf, 1841. Semelhante ao poema épico de Gottfried, o poema começa com a história original, o amor dos pais de Tristão: a bela irmã do rei Marcos, Blancaflor e o rei Rivalen, os quais geram Tristão antes de morrer. O menino cresce protegido pelo fiel Rual e sua esposa (Floreto), até o dia em que – estando a serviço de caça para o rei Marcos – é reconhecido pelo rei pelo anel de Blancaflor que traz no dedo, sendo então transformado em seu favorito.

171. RIKLIN, Franz. *Wunscherfüllung und Symbolik im Märchen* [A realização dos desejos e o simbolismo nos contos de fadas], p. 56. In: *Rittershausschen Märchesammlung* [Coleção de Contos de Fadas de Rittershaus]. v. XXVII, p. 113. RITTERSHAUS, Adeline (1876-1924), filóloga e germanista alemã, publicou *Die neuisländischen Volksmärchen* [Contos populares da Nova Islândia], em 1898. (N.T.)

não conseguia ter filhos. O rei ameaça de morte a esposa se não der à luz um filho antes de seu regresso de uma viagem por mar; então, uma fiel criada leva a rainha até o rei durante a viagem, apresentando-a como uma das três mais belas mulheres que lhe ofereciam seus favores, e o rei a introduz em sua tenda sem reconhecê-la. Sem que ninguém ficasse sabendo do ocorrido, a rainha regressa a sua casa e dá à luz uma filha, Isolda, e morre após o parto. Mais tarde, Isolda encontra na costa do mar um menino pequeno e formoso chamado Tristão abandonado em uma caixa, e decide criá-lo para depois casar-se com ele. A história subsequente, que contém o tema da noiva fiel, importa apenas porque nela também surge o tema da bebida que causa o esquecimento, e as duas Isoldas. A segunda mulher do rei oferece a Tristão uma bebida para que ele esqueça completamente da Isolda loira e queira desposar a Isolda morena. Finalmente, ele descobre a farsa e casa-se com Isolda.

Lohengrin

A versão que aqui se expõe origina-se no extenso grupo de antiquíssimas tradições célticas que remontam ao ciclo do grupo de lendas do cavaleiro do cisne (francês antigo: *Chevalier au cigne*) narrando a lenda de Lohengrin, o cavaleiro do cisne, difundida mais tarde pela dramatização que Wagner fez dessa matéria.[172] A narrativa aborda a lenda tal como a recolheu o poema alemão medieval (modernizado por Junghaus) e como foi também reproduzida pelos irmãos Grimm[173] com o título *Lohengrin de Brabante,* em suas "Lendas alemãs".[174]

O duque de Brabante e Limburgo morreu sem haver deixado outro herdeiro a não ser a jovem filha Elsa ou Elsam, a qual, em seu leito de morte, ele recomendou aos cuidados de seu escudeiro Frederico de Telramund. Frederico, guerreiro valoroso mas prepotente, quis pedir a mão e as terras da jovem duquesa,[175] sob a falsa afirmação de que ela havia prometido desposá-lo. Mas, como ela se negava terminantemente a casar-se com ele, Frederico então queixou-se ao rei Henrique I, conhecido pela alcunha de passarinheiro. O rei então decidiu que ela deveria ser representada por um

---

172. Além de ser um personagem do ciclo arturiano, filho de Parsifal e um dos cavaleiros da Távola Redonda, Lohengrin é também o nome de uma ópera romântica de Richard Wagner (1813-1883), cuja estreia ocorreu em 1850. (N.T.)
173. GRIMM (Irmãos). *Deutschen Sagen* [Lendas alemãs]. Berlim, 1818, parte II, p. 306. (N.T.)
174. Cf. do autor: *Lohengrinsage* [A lenda de Lohengrin], onde trata-se igualmente com detalhe da lenda de Sceaf.
175. "Pedir a mão e as terras", antiga expressão de nobreza alemã: *Er warb Hand und Land.* (N.T.)

cavaleiro para defender-se dele em combate, em um dos denominados juízos divinos, no qual Deus daria a vitória ao inocente e derrotaria o culpado. Como ninguém oferecia-se para defendê-la, a duquesa pediu com todas as suas forças para que Deus pudesse salvá-la. Longe dali, na distante região do Montsalvatsch, no Conselho do Graal, faz-se ouvir o som da campainha anunciando que alguém necessitava urgentemente de ajuda. O Graal decide então enviar um emissário, Lohengrin, filho de Parsifal. Justamente quando estava prestes a colocar seu pé no estribo, apareceu um cisne pelo rio, trazendo consigo um pequeno barco. Ao avistar a cena, Lohengrin gritou: "Leve meu corcel novamente para a manjedoura; seguirei este cisne onde quer que me leve". Confiando na graça de Deus, instalou-se na embarcação sem levar alimento algum consigo. Após navegar pelo mar por cinco dias, o cisne pescou um pequeno peixe, o qual comeu metade e deu a outra metade a Lohengrin. Foi assim que o cavaleiro foi alimentado pelo cisne.

Enquanto isso, Elsa havia reunido seus barões e vassalos para um conselho em Antuérpia. Exatamente no dia do conselho, um cisne foi avistado pela costa trazendo atrás de si um pequeno barco onde encontrava-se Lohengrin com seu escudo. Ao saber da injustiça que sofria a duquesa, Lohengrin aceitou prontamente ser seu representante. Elsa então chamou todos os seus parentes e súditos. Assim, preparou-se em Mainz o local adequado para que Lohengrin e Frederico lutassem em frente ao rei. O herói do Graal derrotou Frederico, que confessou haver mentido para a duquesa, sendo executado com o machado. Elsa então é entregue pelo rei como esposa de Lohengrin, o qual a faz jurar jamais contar a ninguém absolutamente nada sobre sua origem, pois, caso contrário ela nunca mais o veria.

Durante algum tempo o casal viveu em paz e tranquilidade, e Lohengrin reinava com sabedoria e poder, prestando valiosos serviços ao Imperador em combates contra os hunos e os pagãos. Mas, ocorre que um dia, em um torneio, Lohengrin feriu o duque de Cleve, quebrando-lhe o braço. Nesse momento, por pura inveja, a duquesa de Clever disse em voz alta entre as mulheres: "Lohengrin pode até ser um herói destemido, e pode até parecer ter uma fé cristã, mas é uma pena que a fama de sua nobreza seja tão diminuída pelo fato de ninguém saber de onde veio navegando para essa terra". Essas palavras tocaram diretamente o coração da duquesa, fazendo-a chorar e ficar pálida. Quando de noite, seu esposo quis abraçá-la, a duquesa começou a chorar e ele disse: "O que há contigo, minha Elsa?". E ela respondeu: "A duquesa de Clever me fez chorar lágrimas muito amargas". Todavia, Lohengrin silenciou e não perguntou mais nada. Na noite seguinte repetiu-se o mesmo. Apenas na terceira noite, não podendo mais conter-se, Elsa disse: "Meu senhor, não enfureçais! Eu gostaria de saber, pelo amor de nossos filhos, onde vós nascestes, pois meu coração me diz que vós sois de uma classe elevada". Quando então o dia raiou, Lohengrin revelou publicamente sua origem, dizendo que era filho de Parsifal e que Deus o havia enviado para salvar Elsa. Então, ele mandou chamar os dois filhos que tivera com a duquesa, beijou-os ternamente e advertiu-os para que cuidassem bem de sua espada e de seu corno, pois os deixaria com eles; a seguir disse: "Agora devo ir embora!". Para a duquesa ele deixou um pequeno anel que a mãe havia lhe dado. Nesse momento surgiu seu amigo cisne, com o pequeno barco junto a si; o duque então entrou no barco e voltou ao serviço do Graal. Ao vê-lo partir, Elsa desmaiou. Em recompensa pelos serviços prestados pelo pai, a rainha decidiu criar o filho mais novo de Elsa, Lohengrin, como seu próprio filho. A viúva, porém, chorou e se lamentou pelo resto de sua vida pelo amado que nunca mais voltou.[176]

Quando comparamos a conclusão da lenda de Lohengrin com as frequentes variações e inversões do tema o que encontramos é um tipo clássico de lenda: o pequeno Lohengrin, que porta o mesmo nome de seu pai, é abandonado em uma pequena embarcação no mar, sendo trazido para terra por um cisne. A rainha então o cria como filho adotivo, e ele cresce forte e heroico. Casado com uma nobre jovem do país, ele a proíbe de questionar sua origem. Mas, quando o juramento é violado ele é forçado a revelar sua ascendência e a missão divina a que fora incumbido, retornando após isso com o cisne e sua pequena embarcação para o Graal.

Outras versões da lenda do cavaleiro do cisne preservaram essa mesma disposição original dos temas, mesmo que nelas surjam outros traços fantásticos. Assim, a lenda popular flamenga do cavaleiro com o cisne (*Deutsche Sage* [Lendas alemãs], II, 291) narra inicialmente o nascimento de sete crianças[177] geradas por Beatriz, a esposa do rei Oriants, de

---

176. Os irmãos Grimm inseriram em sua coleção intitulada *Deutschen Sagen* [Lendas alemãs]. Parte II, p. 286, mais seis versões da lenda do cavaleiro do cisne. Pertencem ao mesmo grupo mitológico também as lendas dos irmãos Grimm: *Die sechs Schwane* [Os seis cisnes], n. 49; *Die zwölf Brüder* [Os doze irmãos], n. 9; e *Die sieben Raben* [Os sete corvos], n. 25, assim como suas paralelas e variantes inseridas no volume "Lendas para o lar e para crianças". Adicional material sobre esse círculo de lendas pode ser encontrado na obra de Leo, "Beowulf", e na introdução de Görres para o "Lohengrin" (Heidelberg, 1813).

177. De um modo semelhante à antiga tradição longobarda sobre o abandono do rei Lamissio, narrada por Paulo Diascono (I, 15): uma serva colocou em um cesto seus sete filhos gêmeos recém-nascidos e os jogou em um lago. Quando o rei Agelmundo passava por ali, ele avistou as crianças e curioso começou a mexer no cesto com a lança. Quando então um dos meninos

Flandres[178]. Matabruna, a malvada mãe do rei ausente, ordenou que matassem as crianças, colocando em seu lugar sete cãezinhos. Mas os servos limitaram-se a abandonar as crianças em um lago, onde elas foram encontradas por um eremita de nome Elias, sendo amamentadas por uma cabra até que crescessem. Beatriz é então encarcerada. Mais tarde, ao ficar sabendo que as crianças haviam sido salvas, Matabruna ordena novamente sua morte: todavia, os caçadores encarregados do delito não conseguem fazê-lo, levando-lhe como prova aparente da obediência as pequenas correntes de prata que foram colocadas nos meninos após seu nascimento, ao perder a corrente são transformados em cisnes. Apenas uma das crianças, Elias, cujo nome era o mesmo que o de seu pai adotivo, preserva sua correntinha. Enquanto isso, Matabruna acusa a rainha de ter praticado conjunção carnal com cães; Beatriz é condenada à morte, caso nenhum cavaleiro se ofereça para combater em sua causa. Em tal mísera condição, ela roga a Deus que a ajude, o qual então envia em socorro seu filho Elias. Os outros irmãos também retornam, libertados do encanto que os transformara em cisne graças às correntes, com exceção de um deles, cuja corrente havia sido destruída. Um dia, Elias avista seu irmão, o cisne, no fosso do castelo, portando uma pequena nave atrás de si. Considerando isso um sinal divino, Elias entra armado na pequena embarcação. O cisne então o conduz através do rio e do mar até o lugar onde Deus o havia enviado. A partir de então, segue-se – de modo semelhante a Lohengrin – a libertação de uma duquesa injustamente acusada e o casamento com sua filha Clarissa, à qual é proibido perguntar sobre a origem de seu esposo. Mas, no sétimo ano ela quebra a promessa e Elias retorna para casa em sua pequena embarcação com o cisne; após isso, seu irmão cisne também é libertado do encantamento, voltando a ser humano.

Sceaf

Os traços característicos da lenda de Lohengrin, a saber, o fato de que o herói desaparece do mesmo modo misterioso como surge, assim como a transposição de temas místicos da vida de um herói mais antigo, de nome idêntico, a outro herói mais jovem – um processo muito comum na formação dos mitos – também foram incluídos na lenda anglo-lombarda de Sceaf,

---

segurou a lança, o rei considerou isso um bom presságio, ordenando que retirassem o menino do cesto e o entregassem a uma ama de leite para que fosse amamentado. Como havia retirado o menino de um cesto, que em sua língua chamava-se lama, ele foi então chamado de Lamissio. Após crescer, o menino transformou-se em um herói forte e valoroso, tornando-se o rei dos lombardos após a morte do rei.

178. Região ao norte da Bélgica. (N.T.)

mencionada na introdução da canção de Beowulf, o relato épico germânico mais antigo que se preservou em língua anglo-saxã (traduzido por Hermann von Wolzogen). O pai do velho Beowulf recebeu seu nome, Scild Sceafing (que significa "o filho de Sceaf") porque *quando era um menino bem pequeno foi despejado, como um estranho, na costa do país, dormindo dentro de um barril de cereais* (chamado de "Sceaf" na língua dos anglo-saxões). As ondas do mar o carregaram para a costa do país, o qual ele estava destinado a defender. Os habitantes o receberam como um milagre, o criaram, e mais tarde o transformaram em seu rei, considerando-o enviado por Deus.[179] O tema dos fundadores da família real de Scaf ou Sceaf surge no poema de Beowulf[180] transferido a seu filho, Sceafing Scild, de acordo com a afirmação unânime de Grimm e de Leo (ver nota 178): Por ordem do próprio rei, depois de morto seu corpo é adornado de todas as insígnias reais, colocado em uma embarcação sem tripulação e abandonado no mar (início do poema de Beowulf). Ele desaparece do mesmo modo misterioso como seu pai surgiu no país, um tema que, em analogia à lenda de Lohengrin, explica a identidade mítica entre pai e filho.[181]

---

179. Cf. GRIMM. *Deutsche Mythol.* [Mitologia alemã]. v. I, p. 306, v. III, p. 391; e LEO, H. *Beowulf*. Halle, 1839, p. 24.

180. O nome Beowulf, que Grimm descreve como Bienenwolf (lobo das abelhas) parece ter sido originalmente (de acordo com Wolzogen) *Bärwelf*, o que significa "jovem urso" (*Jungbar*) ou *Welf*, o que lembra a lenda da "origem dos lobos" (*Ursprung der Welfen*) (GRIMM, v. II, p. 233), na qual os meninos são jogados na água como lobos.

181. O tema recorrente do fim da vida do herói – assim como o tema da geração do herói – merece um tratamento especial. Em minha monografia sobre a lenda de Lohengrin há um introdução sobre esse tema. O mito da morte do herói mostra-se motivado pelos mesmos temas maravilhosos (desaparecimento), e pelo mesmo simbolismo inconsciente que é possível demonstrar no mito do nascimento do herói.

III

Ao observarmos essa grande diversidade de lendas de heróis percebemos surgir uma série de traços uniformemente comuns, os quais possuem uma base típica, a partir da qual seria possível elaborar uma lenda padrão. Os traços individuais de cada mito, e principalmente as aparentes variações do esquema apenas serão esclarecidas por completo após a interpretação. A *lenda padrão* poderia ser formulada de acordo com o seguinte esquema:

O herói descende da mais alta nobreza, geralmente é o filho de um rei. Seu nascimento foi precedido por grandes obstáculos, como a abstinência, a esterilidade prolongada, ou o coito secreto dos pais como consequência de uma proibição ou outro obstáculo exterior. Durante a gravidez, ou mesmo antes dela, verifica-se a manifestação de uma profecia, geralmente na forma de um sonho ou oráculo, a qual, na maioria das vezes, adverte do perigo que o nascimento do menino causará ao pai.

Em decorrência disso, quase sempre por ordem do pai ou pela mão de algum confidente dele, o recém-nascido é destinado a morrer ou a ser abandonado; por via de regra, ele é colocado em uma pequena caixa e jogado na água.

O menino geralmente é salvo por animais ou por gente humilde (pastores), sendo então amamentado por uma fêmea ou por uma mulher recém-grávida.

Ao crescer, a criança reencontra das mais variadas maneiras seus nobres genitores, após o que, vinga-se do pai, obtém reconhecimento e finalmente conquista fama e poder.[182]

---

182. A possibilidade de variantes e de maiores detalhes em alguns pontos desse esquema foi amplamente demonstrada por Heinrich Leszmann em sua obra *Die Kyrossage in Europa* [A lenda de Ciro na Europa].

Pelo fato de que em todos esses mitos, como o esquema demonstra, as relações normais do herói com seu pai e sua mãe surgem de uma forma perturbada, não é infundada a hipótese de que exista algo na natureza do herói capaz de produzir a citada perturbação. Não é difícil descobrir os motivos dessa perturbação. Ao contrário, compreende-se sem dificuldades – podemos até mesmo presenciá-lo nos descendentes da época heróica – que para o herói exposto à inveja, à calúnia e à maledicência de um modo muito mais acintoso do que os demais indivíduos, a origem social de seus pais é com frequência a fonte de grandes constrangimentos. O velho ditado: "*Nemo propheta in Patria*"[183] não tem outro significado que: "aquele de quem são conhecidos os pais, irmãos ou companheiros dificilmente são aceitos como profetas" (Evangelho de Marcos, VI:4). Parece haver certa regularidade no fato de que o profeta precisa renegar seus pais. A famosa ópera *Le Prophète*, de Meyerbeer, fundamenta-se na questão de que o herói – em nome de sua missão – precisa abandonar até mesmo a doce e amada mãe.[184]

Mas, se quisermos nos aprofundar de verdade nos motivos que levam o herói a romper com as relações familiares encontraremos toda uma série de dificuldades. Diversos pesquisadores enfatizaram que para compreender as criações míticas seria necessário retornar à fonte última, isto é, à atividade da fantasia individual da imaginação;[185] esses pesquisadores demonstraram igualmente que essa atividade da imaginação somente se desenvolve com a máxima vivacidade e desembaraço entre as crianças.[186] Assim, é necessário investigar primeiramente a vida imaginativa da criança, de modo a nos aproximarmos da compreensão da atividade da imaginação, a qual é muito mais complexa e muito mais livre.

A verdade é que a pesquisa sobre a vida imaginativa infantil ainda está no início, ou seja, ainda encontra-se muito longe do ponto em que é possível utilizar os resultados para a explicação dos mais complexos processos psíquicos. A razão para esse conhecimento insuficiente da psiquê infantil encontra-se no fato de que ainda falta um instrumento adequado, assim como um caminho seguro que auxilie na pesquisa desse campo tão delicado e tão difícil de abordar. Entre adultos normais não é possível estudar essas emoções infantis;

---

183. "Ninguém é profeta na própria pátria". Em latim no original (N.T.)
184. Giacommo Meyerbeer, nascido Jakob Liebmann Meyer Beer (1791-1864), compositor e maestro alemão. (N.T.)
185. Ver também Wundt (op. cit., p. 48), o qual compreende o herói psicologicamente enquanto projeção dos desejos e anseios humanos.
186. Cf. Cox, 1. C. p. 9.

é possível até mesmo afirmar que, em vista de certas perturbações psíquicas, a normalidade psíquica de um indivíduo normal consiste precisamente no fato de haver superado, ou melhor, reprimido sua vida representacional e imaginativa infantil. Nesse caso, não possuímos acesso às emoções infantis. Nas crianças, por outro lado, a observação empírica (que via de regra é meramente superficial) não obtém sucesso quando volta-se para a investigação de processos psíquicos, porque ainda não estamos em condições de demonstrar a quais impulsos pertencem as manifestações. Falta-nos aqui o instrumento. Como nos ensinam as pesquisas de Freud, apenas uma certa classe de indivíduos, os chamados psiconeuróticos, os quais permaneceram como crianças, em certo sentido, mesmo que de resto eles se apresentem como adultos. Esses psiconeuróticos, de algum modo, não renunciaram a sua vida infantil. Ao contrário, isto é, no decorrer da maturidade houve um fortalecimento e fixação dos traços infantis ao invés de um desenvolvimento transformador. Entre os psiconeuróticos a infantilidade permanece intensificada, podendo até mesmo chegar a reações patológicas e revelar, de um modo exagerado, certas emoções que normalmente passariam despercebidas, como em um microscópio. As fantasias dos neuróticos assemelham-se, em todos os aspectos, a reproduções exageradas de fantasias infantis: isso parece indicar-nos um caminho. Mas, infelizmente, nesses casos o acesso é ainda mais difícil do que em crianças. Existe apenas um instrumento que pode permitir esse acesso: o método psicanalítico, cuja criação devemos agradecer a Freud. A ocupação constante com esse método aguça a visão do observador, de tal modo que ele é capaz de reconhecer na vida psíquica de indivíduos adultos normais, os quais não se tornaram neuróticos, traços sutis e rudimentares dos mesmos impulsos patogênicos.

Devo agradecer ao professor Freud, o qual colocou à minha disposição sua rica experiência no âmbito da investigação psicológica da neurose. Esses dados serviram de fundamento para as considerações sobre a vida imaginativa da criança e do neurótico que se seguem.

"O desligamento do indivíduo adulto da autoridade de seus pais é uma das funções mais necessárias e dolorosas do desenvolvimento. Todavia, é indispensável que ocorra, e presume-se que todo indivíduo maduro normal tenha cumprido essa etapa. Até mesmo o progresso social fundamenta-se substancialmente na oposição entre as duas gerações. Por outro lado, há uma classe de neuróticos, cuja condição nos permite reconhecer que falharam na concretização desta tarefa."

"Para a pequena criança, os pais são antes de tudo a única autoridade e fonte de toda crença. Tornar-se iguais a eles (como seus genitores), tornar-se grande como o pai e a mãe é o desejo mais ardente e mais grave em consequências dessa idade. Com o crescente desenvolvimento da inteligência, a criança tende inevitavelmente a reconhecer a categoria à qual pertencem seus pais. Ela conhece então outros pais, e, ao compará-los com os seus, começa a encontrar motivos para duvidar do caráter incomparável e único que lhes havia atribuído. Pequenos acontecimentos na vida do menino, os quais criam nele o sentimento de descontentamento, dão-lhe o pretexto para começar a criticar os pais, convencendo-se cada vez mais de que outros pais são melhores que os seus em alguns aspectos. Por meio do estudo psicológico das neuroses, sabemos que estão misturados nesse processo os mais intensos sentimentos de rivalidade sexual. O que ocasiona esses processos é evidentemente o sentimento de se sentir desprezado. E não são raras as ocasiões nas quais a criança é (ou pelo menos sente-se) desprezada, quando acredita não receber por completo o amor dos pais, ou precisa dividi-los com outros irmãos. O sentimento de não ver correspondidas as próprias inclinações converte-se na ideia – observada com frequência nos primeiros anos da adolescência – de que se é um enteado ou um filho adotivo. Muitos indivíduos que não se tornaram neuróticos recordam com frequência de ocasiões nas quais eles – quase sempre influenciados por leituras – interpretaram e revidaram o comportamento hostil dos próprios pais. A influência do sexo manifesta-se a partir desse momento, pois, o menino começa a demonstrar sentimentos hostis mais em relação ao pai do que à mãe, assim como um desejo muito mais intenso de se desvincular do pai do que da mãe. Nesse aspecto, a faculdade imaginativa das meninas mostra-se bem mais fraca. É nessas emoções psíquicas da infância, recordadas conscientemente, que encontramos o momento que nos possibilita a interpretação do mito."

"O que raramente se recorda conscientemente, mas que pode ser comprovado facilmente por meio da psicanálise é o desenvolvimento posterior desse distanciamento inicial em relação aos pais, o qual pode-se dar o nome de *Romance familiar dos neuróticos*.[187] É parte da essência da neurose, e de toda inteligência superior a atividade especial da imaginação, a qual se manifesta antes de tudo nas brincadeiras infantis; isso ocorre aproximadamente na época que precede a puberdade, e tem como tema principal as relações familiares. Um exemplo característico dessa faculdade imaginativa é o famoso 'devaneio',[188] que

---

187. *Familienromane der Neurotiker*, em alemão no original. (N.T.)
188. Sobre esse assunto, ver: FREUD, S. *Hysterische Phantasien und ihrer Beziehung zur Bisexualität* [Fantasias histéricas e sua relação com a bissexualidade], onde também há indicações bibliográficas sobre esse tema. Esse trabalho pode ser encontrado na segunda série da *Sammlung kleiner Schriften zur Neurosenlehre* [Coleção de pequenos trabalhos sobre a doutrina da neurose]. Viena e Leipzig, 1909, reedição.

continua até muito depois da puberdade. A observação precisa desses devaneios[189] demonstra que eles servem para a realização de desejos e a correção do curso da vida, tendo principalmente duas finalidades: uma erótica e outra egoísta (na qual o fator erótico quase sempre está oculto). Na época que tratamos, a imaginação da criança ocupa-se com a tarefa de libertá-la dos pais, os quais agora são pouco apreciados, desejando substituí-los por outros pais, normalmente de classes superiores. A criança geralmente utiliza o encontro acidental em acontecimentos reais (o encontro com o senhorio ou o proprietário no campo; com o príncipe na cidade). Tais acontecimentos casuais despertam a inveja da criança, encontrando sua expressão na fantasia infantil de substituir os pais por outros de melhor posição social. A elaboração técnica dessas fantasias, que naturalmente tornaram-se conscientes nessa época, depende da destreza da criança e do material à disposição. O que deve ser levado em consideração é se a criança se esforçou ou não para elaborar essas fantasias com certo grau de plausibilidade. Essa etapa é alcançada em uma época em que a criança ainda carece do conhecimento das condições sexuais da procriação."

"A partir do momento em que começa a perceber a relação sexual entre o pai e a mãe, a criança compreende que *pater semper incertus est*, enquanto a mãe está sempre *certissima*,[190] de modo que o 'romance familiar' sofre uma nova restrição: ele agora contenta-se em enobrecer do pai, enquanto a origem da mãe é aceita como algo irrevogável, e que não deve ser questionado. Essa segunda etapa (sexual) do romance familiar é também determinada por um segundo motivo que estava ausente na primeira etapa (assexual). Com o conhecimento dos processos sexuais começa a desenvolver-se no menino a tendência a criar situações e relações eróticas, obedecendo ao impulso de colocar a mãe – o objeto de sua mais alta curiosidade sexual – em uma situação hipotética de infidelidade secreta e de amor secreto. Desta maneira, as fantasias assexuais do primeiro estágio elevam-se ao nível em que são conhecidas mais tarde."

"O tema da vingança e da represália, que se encontrava originalmente à frente, volta novamente ao primeiro plano. Essas crianças neuróticas são, em sua maioria, aquelas que foram punidas pelos pais para que se desacostumassem de vícios sexuais precoces, de modo que por meio de tais fantasias elas se vingam deles."

---

189. *Tagträume*, em alemão no original. (N.T.)
190. Otto Rank utiliza uma expressão latina no original *pater semper incertus est* [...] *mater certissima* est. A expressão remonta a um princípio jurídico latino "*mater semper certa est*" (a mãe está sempre certa), significando que não há evidência que se oponha a esse princípio, ou seja, é um princípio inquestionável. (N.T.)

"Isso ocorre especialmente com crianças caçulas, as quais, por meio de fabulações, (como em intrigas históricas), roubam a prioridade dos irmãos mais velhos ao entabular enredos de amor com a mãe como verdadeiros enamorados. Uma interessante variante desse romance familiar acontece quando o herói fantasioso reconhece apenas sua legitimidade de nascimento, ignorando os demais irmãos como filhos ilegítimos. O romance familiar pode igualmente servir a um interesse especial, satisfazendo com sua diversidade e multiplicidade de aplicações a todo tipo de desejos. É desse modo que o pequeno fabulista livra-se de seu parentesco com uma irmã que talvez o tenha atraído sexualmente."

"Devo dizer a todos aqueles que se sentem horrorizados com essa depravação do sentimento infantil, e que gostariam inclusive de negar a existência de tais coisas, que todas essas fabulações aparentemente hostis na verdade não têm intenção maligna, e que elas disfarçam, por detrás de uma tênue máscara, o afeto original da criança por seus pais. A infidelidade e a ingratidão da criança são apenas aparentes; pois, quando analisamos em detalhe a mais frequente dessas fantasias – a substituição dos genitores ou do pai por indivíduos de classes superiores – descobrimos que esses pais novos e distintos são investidos de traços os quais são fundamentados inteiramente na memória nos pais verdadeiros e humildes. *Desse modo, a criança na verdade não substitui o pai, mas apenas eleva. Todo o esforço por substituir o pai verdadeiro por outro de classe superior expressa apenas a ânsia da criança em retornar a uma época feliz que já desapareceu; época em que o pai lhe parecia o homem mais nobre e forte, e a mãe a mais amorosa e bela mulher.*[191] Na verdade, a criança se afasta do pai, como o conhece agora, em sua busca imaginária por aquele no qual confiava nos primeiros anos da infância; a fantasia é apenas a expressão do sofrimento pelo fato de que essa época feliz despareceu para sempre. Desse modo, a sobrestimação dos primeiros anos de infância volta com toda força nessa segunda fase da criança. Uma contribuição interessante para esse tema surgiu a partir da investigação do estudo dos sonhos. A interpretação de sonhos nos ensina que mesmo em anos posteriores, nos quais surgem as figuras do 'imperador' e da 'imperatriz', essas personalidades representam o pai e a mãe, o que demonstra que a sobrestimação infantil pelos genitores conserva-se nos sonhos do adulto."[192]

Ao aplicarmos esses pontos de vista a nosso esquema anterior, a absoluta concordância entre as tendências do romance familiar e do mito do herói nos autoriza a fazer uma analogia entre o eu da criança e o herói da lenda.

---

191. Grifos do autor. (N.T.)
192. *Traumdeutung* [A interpretação dos sonhos]. 2. ed., p. 200.

Recordemos que o mito exprime, em toda a sua extensão, a tendência a livrar-se dos pais, e que o mesmo desejo na fantasia da criança surge em uma época em que ela busca sua independência e autonomia. O eu da criança comporta-se como o herói da lenda; na verdade, o herói deve sempre ser interpretado apenas como um "eu coletivo", o qual é dotado das melhores qualidades. Do mesmo modo, o herói da poesia lírica representa, na maioria das vezes, o próprio poeta, ou ao menos um aspecto de seu ser.[193]

Recordemos por um momento os temas essenciais do mito do herói: o nascimento a partir de pais ilustres; o abandono na água dentro de um pequeno recipiente e a criação por pais humildes, após o que ocorre o retorno do herói, com ou sem vingança, para seus pais biológicos: devemos ter em mente, é óbvio, que o casal de genitores do mito corresponde aos dois casais do romance familiar, o real e o ideal. O exame mais detalhado revela aqui também a identidade psicológica dos pais humildes e dos nobres, exatamente como nas fantasias infantis e neuróticas. O mito – de um modo semelhante à sobrevalorização dos pais na primeira infância[194] – começa também com nobres genitores, assim como no romance familiar, enquanto na vida real o adulto logo deve adaptar-se às verdadeiras condições. *Assim, a fantasia do romance familiar aparece no mito através de uma ousada inversão das condições reais.*

A hostilidade do pai e a consequente rejeição da criança acentuam o motivo que favoreceu ao "eu" criar toda a ficção. O romance familiar é, por assim dizer, a desculpa para os sentimentos hostis que a criança nutre em

---

193. O romance familiar constitui naturalmente um tema nuclear de toda nossa literatura de romances, principiando com os romances pastoris do período grego tardio, como surgem em "Aethiopica" de Heliodoro, em "Ismenias e Ismene", de Eustacio e na história das duas crianças abandonadas "Dáfnis e Cloé". Mesmo os poemas pastoris italianos modernos fundamentam-se frequentemente no abandono de crianças, as quais são criadas por pais adotivos que são pastores e depois descobertos pelos pais verdadeiros por meio de algum mecanismo de reconhecimento. Na antiga literatura existe ainda a história familiar de Grimmelshaus, o *Simplicissimus* (1665), a narrativa de Jean Paul [Friedrich Richter] *Titan* (1800), assim como certas formas de narrativas no formato de Robin Hood e dos romances de cavalaria, às quais deve-se comparar a introdução de Wurzbach à edição do *Dom Quixote* (na edição de Hesse). Na literatura mais moderna apenas é possível citar Norbert Jaques e o "Funchal".

194. As investigações experimentais e estatísticas sobre os ideais das crianças parecem estar em conformidade com os resultados analíticos. Desse modo, Varendonck (*Les idéals d'enfants* [Os ideais das crianças]. Arquivos de Psicologia, v. VII, 1908) descobriu que em 746 crianças de escolas belgas, de seis a dezesseis anos, entre os menores existia a tendência de considerar os próprios pais como ideal; segundo nossa concepção, essa tendência se altera entre os mais velhos, os quais tendem a considerar outros pais como ideais, sejam eles da própria realidade ou heróis da história.

relação ao pai e que ela projeta nessa ficção. O abandono no mito corresponde ao repúdio no romance familiar. A criança quer simplesmente se libertar do julgo paterno no romance familiar, enquanto no mito o pai quer livrar-se do filho.

O resgate e a vingança são as conclusões naturais exigidas pela essência da fantasia.

Após considerarmos todo o valor do paralelismo entre o mito e o romance familiar, estabelecido em linhas gerais, é necessário interpretar certos detalhes do mito que surgem constantemente e que parecem exigir uma explicação especial. Essa exigência parece-nos importante diante do fato de que não encontramos nenhuma explicação satisfatória sobre esses mitos, mesmo nos escritos dos mais convincentes mitólogos astrais ou naturais. Estes temas são: o surgimento frequente de sonhos (ou oráculos); a forma como a criança é abandonada em pequenos recipientes na água; o socorro de animais (que geralmente amamentam e cuidam da criança), assim como outros temas que surgem com frequência, e que, à primeira vista, não parecem permitir uma interpretação psicológica. Neste caso também é possível utilizar o estudo psicanalítico do sonho, de seus simbolismos, assim como estudos sobre as fobias e fatos etnológicos e folclóricos para esclarecer o significado dos elementos constituintes do mito do herói.

A ocupação intensiva com os sonhos de indivíduos sadios e de neuróticos indicou a repetição dos mesmos tipos de grupos de sonhos, com os mesmos significados secretos, entre todos os indivíduos.[195] A compreensão desse fato nos possibilitou indagar sobre o sentido oculto do mito do abandono da criança na água. Scherner[196] já havia interpretado a essência do sonho de um modo intuitivo e acertado ao compreender a relação entre os sonhos com a água e o nascimento:

> O que chama a atenção nos sonhos de aflição com água que a mulher tem é o fato de que, embora já seja madura e seus filhos já estejam crescidos, no sonho ela tenta salvar o filho ou a filha pequenos, os quais estão em perigo. Por exemplo, uma senhora solteira sonha que estava ocupada tentando pesar uma criança em uma balança; em seguida, ela vê outra criança, a qual já conhecia da vida real, ao lado daquela na balança; mas, quando observa bem de perto percebe tratar-se apenas de um pequeno canário; na sequência do sonho ela cuida de mais uma criança, todavia,

---

195. Cf. *Traumdeutung* [A interpretação dos sonhos], p. 199.
196. SCHERNER, Karl Albert (1825-1889). *Das Leben des Traums* [A vida do sonho]. Berlim, 1861.

como posteriormente demonstra a interpretação, essa criança ainda estava para nascer e aguardava o parto. Como é revelador esse sonho! No aparecimento de um trio de crianças revela-se a natureza fértil do estímulo (*Reiz*) que subjaz ao sonho; na metamorfose da segunda criança em um alegre canário espelha-se o estímulo excitado; na transformação da criança em pássaro e na aproximação do fruto (na figura do pássaro ouda criança), segundo o tamanho, espelha-se o órgão reprodutor da mulher; na terceira criança, que o sonho representa claramente como ainda não nascida, e que pode ser interpretado como o receptáculo da fertilidade, ocorre o deslocamento objetivo do simbolismo para o órgão sexual enquanto o agente que excitou o sonho.

Os sonhos de mulheres maduras e jovens, nos quais elas se ocupam com crianças de forma aparentemente inocente são bastante frequentes e demonstram sua importância. Outro sonho narrado por Scherner (p. 204) demonstra de um modo ainda mais claro: "Uma jovem solteira sonha que se encontra em meio a uma enorme correnteza a qual leva outras coisas além dela. Em meio à correnteza (segundo seu relato) ela segura uma bolsa que boia por sobre a água e que tem o tamanho de uma cabeça de uma criança, inflada como um pequeno balão. É grande sua curiosidade sobre o que poderia estar dentro da bolsa, talvez um tesouro oculto, mas ela teme igualmente que ali dentro esteja escondida uma criança pequena, de modo que esse temor a faz afastar-se da bolsa e não olhar seu conteúdo. Finalmente, a curiosidade vence o medo e ela contempla o conteúdo da bolsa, encontrando apenas uma pequena quantidade de roupas secas". Análise: é incrivelmente notável o modo como a fantasia da sonhadora passa rapidamente da possibilidade da bolsa ocultar um tesouro para o temor de que ali pudesse estar escondida uma criança; a interpretação é que a bolsa pode ser descrita como o órgão sexual da mulher, o receptáculo da fertilidade nos sonhos da jovem sonhadora.

Aqui, a associação da sonhadora é analisada de um modo quase analítico, de modo que os relatos de Scherner corroboram nossas interpretações psicanalíticas. Um tal sonho foi narrado a Abraham (*Sonho e mito*, p. 22 ss.)[197] por uma senhora casada, no início de sua gravidez, que tinha muito medo do parto:

"Estou sozinha em um quarto enorme. De repente, surge um ruído subterrâneo, mas eu não me assusto porque me lembro, naquele momento, que há uma passagem subterrânea no piso do quarto que leva diretamente a um rio. Eu levanto um alçapão sobre o piso, e imediatamente surge uma criatura que se parece com uma foca, com extensa pelagem

---

197. ABRAHAM, Karl. *Traum und Mythus. Eine Studie zur Völkerpsichologie*. [Sonho e mito: um estudo sobre psicologia popular]. Leipzig e Viena, 1909. (N.T.)

marrom. A criatura livra-se da pelagem, e quem surge é meu irmão que me pede abrigo, completamente exausto e ofegante, contando-me que fugira sem permissão e nadara até ali submerso na água. Eu o convido a descansar em uma espreguiçadeira que se encontra no quarto, na qual ele logo adormece. Um pouco depois, um novo ruído faz-se ouvir, dessa vez vindo de minha porta. Meu irmão levanta-se assustado gritando em terror: 'Eles vieram me buscar, eles devem pensar que eu desertei!'. Ele veste novamente sua pelagem marrom e tenta escapar pela passagem subterrânea; no entanto, logo volta-se para mim e diz: 'Não adianta, eles ocuparam o canal subterrâneo!'. Nesse instante a porta se abre e diversos homens entram em casa e dominam meu irmão. Eu grito desesperada: 'Ele não fez nada. Eu faço questão de defendê-lo'. Nesse exato momento eu acordo."

Além da gravidez, Abraham descreve o motivo do sonho da seguinte maneira: "Na noite anterior ela ouviu de seu médico diversas explicações sobre o desenvolvimento da fisiologia do feto. Ela também já havia procurado estudar sobre o assunto em livros, mas chegou a conclusões equivocadas sobre o assunto. Por exemplo, ela não compreendeu acertadamente o significado do líquido amniótico. Além disso, ela compreendeu equivocadamente as informações sobre o crescimento do cabelo sensível do feto (lanugo) como se fosse uma densa pelagem, como em animais pequenos (p. 23). Abraham enfatiza em sua análise apenas os resultados mais essenciais, não os explorando exaustivamente, mas ainda assim eles são suficientes para nosso trabalho."

O canal que leva diretamente ao rio simboliza o canal do parto. A água simboliza o líquido amniótico. Dessa passagem surge um animal peludo, como uma foca. A foca é um animal peludo que vive na água, assim como o feto no líquido amniótico. Essa criatura – a criança que a mulher espera – surge imediatamente: um parto rápido e sem complicações. A criatura revela-se como o irmão da sonhadora. Na verdade, o irmão é realmente mais novo do que ela. Após a morte precoce da mãe, ela foi obrigada a cuidar dele. Sua relação com ele manteve-se maternal, de diversos modos. Até hoje ela o chama de "pequeno"... No sonho faz-se uso de palavras as quais podem ser compreendidas em diferentes sentidos... Assim, o irmão da sonhadora surge em lugar da criança, embora ele já seja adulto há muito tempo..., desse modo, ele representa a criança que ela espera. Ela deseja uma visita, ou seja, ela espera em primeiro lugar o irmão, e em segundo lugar a criança. Essa é a segunda analogia entre o irmão e a criança. Ela também deseja que o irmão deixe a casa dele. Por essa razão, no sonho o irmão parece "desertar" de sua casa. Esse lugar onde mora o irmão fica submerso na água; para lá ele nada com frequência (terceira analogia com o feto). A casa do feto também fica na água. Do quarto no qual ela se encontra em sonho dá para ver a água. No quarto também se encontra uma espreguiçadeira que serve como cama quando surge alguma visita. Uma quarta analogia: o quarto deve servir de berçário, e o neném deve dormir nele! O irmão chega ofegante, pois estava mergulhando na água. O feto também deve buscar por ar quando abandonar o canal do nascimento. O irmão dorme logo após chegar, como a criança logo depois do parto. Após isso, surge uma cena em que o irmão está apavorado e teme por sua vida, uma situação para a qual não há nenhuma saída. A própria sonhadora irá enfrentar uma situação assim: o parto. Essa situação a deixa apavorada. No sonho ela desloca seu medo para o feto, isto é, para irmão que o representa, assumindo o papel de protegê-lo.

Em nossa análise do sonho, além de interpretarmos a água como líquido amniótico, e os pequenos recipientes como cestinhos ou barquinhos como representação simbólica do corpo da mãe no mito, compreendemos o recém-nascido como animal que se desprende de sua pelagem e se transforma em uma criança; além disso, para interpretar a substituição da criança por um indivíduo adulto, a situação de sono do "herói", assim como sua tentativa de fugir do mesmo modo estranho como surgiu, vamos observar mais um exemplo de sonho que Jones obteve a partir de um relato de uma paciente.[198] Na tradução alemã o sonho é o seguinte:

"Ela se encontrava à beira do rio e cuidava de um pequeno menino que parecia ser seu filho, enquanto ele brincava na água. O menino continuou brincando até que a água cobriu-lhe inteiramente o corpo, de modo que ela apenas podia ver sua cabeça que se movia ora para cima e ora para baixo. Então, a cena se transformou em uma sala de espera lotada de um hotel. O marido dela a deixou, e ela continuou conversando com um estranho."

A segunda parte do sonho revelou-se facilmente, por meio da análise, como representação de uma escapada amorosa, ou seja, a relação íntima com uma terceira pessoa. A primeira parte do sonho foi visivelmente a representação de uma fantasia de nascimento. Nos sonhos, como na mitologia, a saída de uma criança do líquido amniótico no parto é representada frequentemente por meio de uma inversão, onde a criança entra na água. O ato de submergir e emergir da cabeça do menino na água faz a paciente lembrar-se da sensação que teve, quando da única vez que esteve grávida, dos movimentos da criança em sua barriga. A reflexão sobre o menino brincando na água que se eleva desperta um sonho no qual ela o retira da água, coloca-o em um berçário, limpa e veste e a seguir ela o leva de volta para a casa.

O terceiro exemplo trata do sonho de uma jovem menina que, não sem razão, temia estar grávida; algum tempo após a análise descobriu-se que o temor da menina não tinha fundamento:

---

198. *American Journal of Psychologie* [Revista Americana de Psicologia]. p. 296, abr. 1910.

"(I) No interior da casa, alguns leões me seguiam e me importunavam porque eu havia esmagado seus filhotes com uma espécie de torniquete. Então, os leões mais velhos correram atrás de mim, e eu busquei abrigo no telhado da casa. De lá eu notei que um pequeno barco se aproximava boiando na água, mas em lugar da proa, o barco tinha uma cabeça; parecia ser simultaneamente um barco e um animal. Na proa, eu vi um pequeno Cupido, um lindo menino de uns cinco ou seis anos. Ele estava nu, tinha asas nas costas, e trazia ao lado o arco e as flechas. Em uma das mãos ele segurava uma corda de cetim que circundava a cabeça do barco, e era com isso que ele manejava a embarcação. Na outra mão ele segurava uma espécie de âncora, (que tinha o formato de uma pá), com a qual ele decepava de um modo alegre e brincalhão a cabeça de enormes animais chifrudos (como cervos) que nadavam na água e que também me perseguiam, de modo que eles desapareciam depois. Eu fiquei contente por ele me libertar desses animais, e gostaria de agradecer-lhe por isso, mas não conseguia chegar até ele. (II) Então eu saí novamente da casa e vi que de repente um lobo enorme me perseguiu. Apavorada, eu entrei em um restaurante, onde me escondi em um canto embaixo de uma mesa, implorando para o lobo poupar minha vida. Então eu respirei aliviada ao perceber que ele iria me poupar, ao mesmo tempo em que arrancou a cabeça de uma senhora que sentava próximo a mim, começando a devorá-la (o lobo se comportava exatamente como uma pessoa, ficando o tempo todo ereto com suas patas traseiras). Todavia, ele parece não ter ficado satisfeito com o gosto da senhora; então, ele arrancou a cabeça de um senhor que estava ao meu lado e se pôs a devorá-lo. (III) Após isso, eu me encontrei em uma casa que me era familiar, onde um jovem me fazia declarações de amor. No entanto, quando eu o recusei ele se jogou sobre mim na tentativa de me violentar, mas eu consegui expulsá-lo. Logo depois disso, o jovem surgiu novamente, com um revólver e um punhal, querendo me matar. Eu então mandei chamar investigadores de polícia para prendê-lo. Nesse ínterim, surgiu uma tropa de soldados, os quais eu acreditava que vieram para buscá-lo. Mas, como eu pude ver do andar superior, eles deixaram alguém em uma espécie de calabouço. Após isso o investigador chegou e prendeu o intruso. Pensei comigo que ele também seria jogado no calabouço, por essa razão fui observar de perto o buraco. Ele era profundo e escuro, parecia até mesmo uma gruta que eu conhecia nas formações geológicas de Karst.[199] Então pensei: 'Ele poderia cavar um buraco na terra e fugir, ou seria ainda mais simples se fizesse um buraco na parede da gruta e assim pudesse escapar.'"

---

199. *Karstgebiet*, espécie de formação geológica onde ocorrem diversas cavernas e passagens subterrâneas. (N.T.)

Quando investigamos esses sonhos, os quais são apenas um pouco caóticos, mas aparentemente claros, e os comparamos com a provável situação da sonhadora, concluímos que o sonho começa com a terceira parte, a declaração de amor do jovem que ela recusa, de modo que ela parece ter reagido com mais precaução no sonho do que na realidade. Depois disso, segue-se a fantasia da violência sexual; assim como nos filhos mitológicos das virgens, procura-se justificar a submissão da mulher ao homem pela ideia de que ela foi forçada. Como se não fosse suficiente, por causa desse delito, o pai – que a sonhadora já reconheceu como o responsável pela paternidade – deve ser preso em um calabouço subterrâneo, o que no sonho acontece duas vezes. Enquanto a segunda prisão do pai deve ser interpretada claramente como uma punição pela paternidade, a primeira prisão alude à concepção. Pelo fato de que, ao que parece, o pai da criança é militar, é compreensível que no sonho os soldados abandonam uma criatura no calabouço. A criatura deve então cavar uma saída a partir desse buraco profundo e escuro, do mesmo modo que o feto emerge de um buraco no chão do quarto, no sonho relatado por Abraham. Agora surge a conexão com a primeira parte: no buraco ela vê que algumas criaturas também nadam na água, as quais de repente transformam-se, como no caso de Abraham, em um pequeno menino que navega em um pequeno barco na água. Esse sonho só pode ser interpretado como um trauma de nascimento, pois, além da violência sexual e da concepção, ele expõe a gravidez (buraco) e, finalmente, o nascimento (água). Essa interpretação é confirmada pela sonhadora, pois ao ser questionada sobre a imagem do Cupido, ela responde inocentemente que sempre desejou ter um filho loiro com cabelos cacheados. O nascimento também é sugerido pela imagem da criança nua no pequeno barco; além disso, quando perguntada sobre a imagem da âncora que o menino segura na mão, ela responde que vê nisso um símbolo de "esperança". Na situação em que ela se encontra, certamente a esperança de não ter um filho, é por essa razão que a âncora transformada em pá faz com que todos os animais que nadavam na água desapareçam ao cortar-lhes imediatamente a cabeça. Essa imagem[200] é expandida pela ação do lobo que no sonho arranca a cabeça das pessoas;

---

200. A senhora que é tão maltratada pelo lobo, e não apetece seu paladar, assim como o senhor que se senta ao lado da jovem parecem representar os pais dela no sonho, pois, nessa situação temerosa ela vai receber a vida de presente. Em outro sonho que a jovem teve nessa mesma época ela viu, exatamente como a sonhadora de Abraham, seu irmão, que já era adulto, enquanto criança com uma espécie de chicote ou vara de pescar na mão, sonho em que uma cegonha tinham algum papel que ela não se lembrava. Aqui, o sonho de "pescar" (com a vara de pescar) uma criança na água ou pela cegonha parece ter como fundamento o fato de que é a cegonha quem geralmente traz a criança. Em uma lenda coreana relatada por Frobenius (p. 288) o herói surge um dia maravilhosamente nas asas da cegonha.

o lobo a quem ela implora pela vida – a mesma vida que ela rejeita ao próprio filho no sonho. A hostilidade da jovem não apenas contra o suposto pai do filho que carrega, mas também contra o próprio filho é demonstrado no começo do sonho, quando ela esmaga o filhote dos leões. A aversão que sente contra o culpado de sua suposta infelicidade é expressa pelo fato de representá-lo como um animal faminto, como um enorme lobo, o qual a persegue (com propostas de amor), seguindo-a em toda parte. A fome do lobo na estalagem tem a contrapartida da tentativa de violência sexual que o jovem faz na casa (terceira parte); o quadro se completa quando sabemos que, na vida real, aquele jovem do sonho havia convidado a jovem há pouco tempo para ir a um restaurante. O fato de que a jovem sonhadora não percebe que o menino – o qual em seu sonho navega em um barco – assemelha-se à lenda de Lohengrin com o cisne, que é para nós uma valorosa prova de que não se trata de uma reminiscência consciente ou imitação, mas da expressão do mesmo complexo inconsciente, com o auxílio dos mesmos símbolos universais do homem.

O modo típico de expressão simbólica predominante na linguagem onírica – assim como no mito – é demonstrado por um trecho de outro sonho de rejeição ao parto que a mesma jovem teve. No sonho, ela chega com seu acompanhante a um castelo onde é guiada por um senhor, provavelmente o carrasco, até um grande salão. "Ali, eu notei um buraco da espessura de um cano, o qual se estendia por alguns metros. As paredes do buraco estavam cobertas por pedras. O carrasco então disse para mim que a pelagem de animal que daqui saísse seria minha; eu me alegrei bastante e me coloquei bem próxima do buraco, olhando para baixo para ver o que sairia dali. Fiquei muito surpresa ao ver que, ao invés da prometida pelagem de animal, o que saiu do buraco foi o corpo de uma criança. Então, descobri que todas as crianças que tinham algum tipo de enfermidade, como, por exemplo, tuberculose, eram jogadas nesse buraco; lá embaixo havia uma máquina que lhes arrancava a cabeça, de modo que apenas o corpo subia por uma corrente. Foi o que ocorreu. Mas, logo subiu outra criança tossindo, a qual acabou por cuspir em mim. Eu fiquei muito irritada com aquilo; virei meu rosto para o lado e pensei: "Agora também vou pegar essa doença". A criança também foi transportada lá para baixo. O buraco era bem estreito, de modo que apenas uma criança era capaz de passar!. Em outro trecho do sonho, a jovem estava deitada com seu acompanhante na cama quando de repente nota que ambos estão sangrando; como ela mesmo esclarece no sonho, era a menstruação. O sonho tem como fundamento o desejo de ficar menstruada (o desejo de não ficar grávida) ou, se não for possível, pelo menos de se casar (representada pela cama de casal no sonho), porque, de outro modo, não lhe restaria outra alternativa do que matar (natimorto) e arrancar a cabeça da criança (sangue – carrasco). O poço como símbolo do ventre materno é novamente claro. Soma-se ao simbolismo do sonho da jovem a representação típica da gravidez como doença infecciosa; é por essa razão que muitas vezes a explicação que se dá às crianças é que a gravidez da mãe é uma doença.

Pelo fato de utilizar os mesmos símbolos típicos é possível concluir com segurança que o abandono de heróis recém-nascidos em pequenos recipientes, como caixinhas ou cestinhos, assim como o elemento água, nada mais são do que a expressão simbólica do nascimento. Como é conhecido, as crianças aparecem não apenas por meio da crença, de nenhum modo absurda, de que a cegonha as trazem, mas também na realidade, por meio da água, ou seja, do líquido amniótico. Desse modo, é possível reconhecer claramente no recipiente hermeticamente fechado que protege o pequeno herói a representação simbólica do ventre da mãe. A retirada da criança da água, que no mito do abandono – assim como no sonho[201] – por tendências inconscientes que ainda serão esclarecidas é representada como um mergulho, simboliza diretamente o procedimento do parto[202]. Essa interpretação sobre o nascimento, que surge simbolicamente no sonho e no mito do abandono do herói, nas crenças populares, nas lendas e nos contos de fadas é representada de um modo direto e desvelado, de maneira que vale a pena dar uma olhada na rica tradição folclórica que se ocupou com esse tema.

Segundo Mannhardt[203]: "a história narrada pelas amas de leite sobre buscar os pequenos bebês em fontes de água espalhou-se por toda a Alemanha". Há na Alemanha "diversas fontes de água e lagos onde habitam crianças inatas como seres desenvolvidos",[204] esperando apenas que sejam retiradas dali. Neste sentido, H. Pröhle relata em seu escrito *Aus dem Harz* [De Harz, da Região de Harz!][205]: "Naquela região afirma-se que quando

---

201. FREUD, S. *A interpretação dos sonhos*, p. 198 e 238.
202. Ver a mesma inversão do significado na interpretação de Winckler sobre a etimologia do nome Moisés. (p. 17) ou na lenda de Hefesto, o qual, segundo Homero (*Ilíada*, XVIII, 396) em razão de sua paralisia parcial foi jogado no mar pela mãe, onde permaneceu escondido por nove anos em uma caverna.
203. MANNHARDT, Wilhelm (1831-1880). *Germanische Mythen* [Mitos germânicos]. Berlim, 1858, p. 255; obra na qual é possível encontrar outras referências sobre o assunto.
204. REITZENSTEIN. "Der Kausalzusammenhang zwischen Geschlechtsverkehr und Empfängnis in Glaube un Brauch der Natur und Kulturvölker" [A relação causal entre o ato sexual e a gravidez nas crenças e costumes de povos primitivos e civilizados]. *Zeitsch. f. Ethnol.* [Revista de Etnologia]. v. 41, ano 1909, p. 644. Do mesmo autor: *Storchenmärchen und conceptio immaculata* [Contos de cegonhas e a concepção virgem]. Documentos do Progresso, 1990.
205. PRÖHLE, H. *Aus dem Harz*. [De Harz, da Região de Harz!]. *Zeitsch. f. d. Mytthol.* [Revista de Mitologia Alemã], p. 196. Harz é a mais extensa e elevada cadeia de montanhas do norte da Alemanha. (N.T.)

as crianças nascem elas são buscadas na nova lagoa. Em toda parte por aqui existem tais lagoas de crianças (*Kinderteiche*). Na região de Schulenburg, na lagoa de Festenburg,[206] encontra-se a enorme mulher d'água, a qual guarda as crianças consigo na lagoa. De lá elas nadam na correnteza até chegar em Schulenburg, onde são capturadas pelo povo". Nos rios próximo a Elbingrode,[207] onde o caçador selvagem a cada sete anos vem caçar, as crianças surgem da lagoa do buraco (Mannhardt, p. 95); do mesmo modo, foram vistas crianças em diversos lugares nas pequenas lagoas próximo a Stolberg (Mannhardt, p. 206). F. Woeste[208] relata igualmente: "Contam-se histórias sobre lagoas de crianças, poços de crianças, assim como árvores de crianças em toda parte em nossa região Em Dielinghofen as criancinhas vêm de Burdyke, que também é chamado de lagoa do agricultor, assim como lagoa do sêmen. Em Limburg contaram-me histórias sobre uma certa fonte de leite, que para outros era uma caverna coberta de água na época das cheias, próximo a Oegersteine. No lado oeste de Kolme conta-se, ao contrário, que as crianças vêm das árvores ocas". Nas crenças e narrativas populares recolhidas por V. Zingerle[209] as crianças surgem de rios, lagos, de árvores ocas ou de tinas de água. Do mesmo modo, em um lugar bem mais distante, no arquipélago índico (Singapura), a tradição local descreve igualmente em linguagem simbólica o processo de nascimento. De acordo com Bab[210] a esposa do rajá Besurjag recebeu uma criança que vinha nadando dentro de uma bolha de água. O relato que mais aproxima o mito do abandono do herói das histórias de crianças que surgem vem das narrativas populares da região da Áustria, e foi recolhida por J. Wurth:[211] "Bem ao longe, no mar, encontra-se uma árvore na qual crescem as pequenas crianças; elas estão atadas à árvore por cordões, e quando a criança está crescida o cordão se rompe e ela começa a nadar. Mas, para que não se afogue, ela é colocada em uma caixinha, que a leva pelo mar até encontrar um riacho. Mais tarde, nosso bom Deus faz com que uma mãe, que ele já havia escolhido para a criança, fique doente. Um médico então é chamado, a quem nosso bom Deus revela que a mulher receberá uma criança. O médico dirige-se prontamente para o riacho, onde espera longamente até que a caixinha com a criança surja boiando na água, após o que ele pega a criança e leva para a mulher. É dessa forma que toda a gente recebe as pequenas crianças". Do mesmo modo que a pequena criança é

---

206. Região situada na cadeia de montanhas de Harz, no norte da Alemanha. (N.T.)
207. Também situado na região de Harz. (N.T.)
208. WOESTE, F. *Zeitsch. f. d. Mytthol.* [Revista de Mitologia Alemã]. v. 117, p. 190.
209. ZINGERLE, V. *Zeitsch. f. d. Mytthol.* [Revista de Mitologia Alemã]. v. II, p. 345. (N.T.)
210. *Zeitschrift für Ethnologie* [Revista de Etnologia]. 1906, p. 281. (N.T.)
211. *Zeitschrift für deutsche Mythologie* [Revista de Mitologia Alemã]. v. IV, 140. (N.T.)

retirada da água por uma espécie de especialista em partos (*Geburtshelfer*), na lenda recolhida pelos irmãos Grimm, de *Frau Holle Teich* [A senhora de Holle]:[212] "As crianças recém-nascidas surgem de suas fontes de água e é ela quem as carrega de lá".

Na região da Frísia do leste (Ostfriesland) as crianças são retiradas do pântano. Os pais dirigem-se para lá em carruagens de vidro, das quais vez por outra alguém cai; então, a mãe quebra a perna e precisa ficar de cama. As crianças encontram-se entre a vegetação do pântano, em blocos de argila; os gêmeos principalmente são encontrados em grandes blocos. Esse relato é considerado uma verdade indiscutível, reforçado pelo duplo sentido da expressão "van der Moor" [do pântano], que pode ser também "van der Mutter" [da mãe].[213] Mas, como nem tudo é pântano na Frísia do leste, as crianças também surgem nas ilhas, "sobre as dunas" de Nesserland, de onde os habitantes as buscam. O pais chegam nas ilhas com seus barcos; o pai dá três voltas ao redor do recém-nascido até que surge um pequeno barco em forma de diamante de onde ele retira a criança. Nesserland foi a única coisa que sobrou de um vilarejo que submergiu no mar na região de Dollart, e cujas ruínas às vezes era possível avistar na maré baixa até o ano de 1600.[214]

"As crianças são apanhadas pela cegonha nas pedras ou nas fontes de água e levadas até a mãe."[215] Em Weilburg, na região de Lahn, em uma floresta que fica em frente às montanhas, há três casas construídas uma ao lado da outra que permanecem sempre fechadas; pela razão de que a água das fontes acumula-se em frente às casas, o povo da região as chama de casas da fonte, e os jovens sabem que ali as pequenas crianças nadam por sobre a água, antes que a cegonha venha buscá-las. "Em Scheidingen, na região de Werl, a cegonha busca as crianças na fonte de Werler Voede. Em Erfurt a cegonha as recolhe no "caldeirão", um buraco que fica na proximidade do fosso; em Halberstadt próximo à eclusa.[216] Nas proximidades de Dietzenbach há uma canção "endereçada à cegonha, enquanto a portadora de crianças"[217] assim: "Cegonha, cegonha, das pernas compridas e do joelho curto. A virgem Maria encontrou uma criança na pequena fonte, de quem será a criança?" Em Colônia, acredita-se que as crianças são apa-

---

212. Conhecida como "A senhora Holle" ou "dona Ola". (N.T.)
213. Jogo de palavras intraduzível entre "*van der Moor*" [do pântano] e *van der Mutter* [da mãe]. (N.T.)
214. *Die Gartenlaube*, 1912, p. 136. Importante revista da época de Otto Rank, precursora das modernas revistas ilustradas. (N.T.)
215. MANNHARDT, Wilhelm. *Germanische Mythen* [Mitos germânicos]. Berlim, 1858, p. 257.
216. Ibid.
217. *Zeitschrift f. d. Mythologie* [Revista de Mitologia Alemã]. v. I, p. 475.

nhadas na fonte da Igreja de São Kunibert. Ali, elas se sentam ao redor da Mãe de Deus, que as alimenta e brinca com elas. Em Jugenheim, Maria e São João estão sentados na fonte de Bergstrasze; Maria toca a rabeca para as crianças e brinca com elas.[218] Landau[219] trata de muitas poesias e canções baseadas na "crença da ama de leite", que retira as crianças da água.[220]

"Mas também nos contos de fadas o nascimento humano é representado pela imagem de se retirar a criança de uma fonte ou lago."[221]. Normalmente, essa tarefa é dada à cegonha, como no conto "Os dois viajantes",[222] no qual a solícita cegonha conforta a aflita rainha, a qual deve providenciar um herdeiro para o rei, com as seguintes palavras: "Há muito tempo eu trago crianças recém-nascidas para a cidade; assim, posso também buscar um pequeno príncipe na fonte. Vá para casa e não se preocupe. Em nove dias vá para o castelo. Eu estarei lá também". Na exata hora marcada, a cegonha chegou voando pela janela do palácio; carregava em seu bico um belo menino, o qual depositou com cuidado no colo da rainha".

A mesma crença é encontrada entre os povos primitivos. Relata-se que as tribos da Ásia Central "acreditam que o espírito de uma planta entra na mulher; esse espírito vive nas grandes florestas ou nas profundezas da água, exatamente como nas crenças populares alemãs. Os aborígenes australianos acreditam que as crianças nascem com o auxílio de espíritos ou animais da floresta, das pedras ou das águas, do mesmo modo que nossa cegonha; são cobras, aves ou cangurus. Entre os mexicanos encontramos a crença em um império de crianças, uma terra das almas. Os hindus acreditam que a ave Íbis tem o mesmo papel que a cegonha; entre os japoneses, o grou; entre os mexicanos, a garça; e no Oriente Médio era a pomba, a qual mais tarde foi considerada como o animal sagrado da deusa do amor, e ainda teve uma função similar na *conceptio immaculata* de Maria, assim como na lenda de Semiramis.[223] De acordo com Roth, os nativos de Cape Grafton[224] acreditam que as crianças são trazidas para a mãe por uma pomba em seu sonho.[225] Entre os germanos, e em diversos outros países europeus foi a cegonha quem assumiu essa tarefa, quando ainda mantinha seu antigo nome "adebar", que

---

218. GOLTHER, Handb. *D. germ. Mythol.* [Manual de Mitologia Alemã], 1895.
219. LANDAU, 1899, p. 72.
220. É possível encontrar outros documentos folclóricos na revista *Am Urquell*, editada por F. S. Kraus, v. IV, na rubrica "Woher stammen die Kinder?" [De onde as crianças vêm?].
221. THIMME. *Das Märchen* [O conto de fadas], p. 157.
222. GRIMM. *Die beiden Wanderer.* 1885, n. 107.
223. Segundo a lenda, Semiramis foi uma rainha mitológica que reinou sobre a Pérsia, a Assíria, a Armênia, a Arábia e o Egito. (N.T.)
224. O Cape Grafton situa-se na região nordeste da Austrália. (N.T.)
225. REITZENSTEIN, 1909, p. 668. (N.T.)

significa "aquele que traz as crianças". Em tempos antigos, a serpente e o coelho também tiveram tarefas semelhantes, enquanto nos países nórdicos a cegonha foi substituída pelo cisne.

Encontramos em toda parte a mesma representação simbólica do *receptáculo do fruto*, isto é, o ventre da mãe, como fonte de água, caldeira, buraco escuro, árvore oca, as quais são também regularmente consideradas como "a morada das almas inatas".[226] O líquido amniótico é representado como riacho, lago ou fonte de água (poço),[227] e a entidade masculina que salva a criança dessa prisão original surge como a cegonha ou outro animal, o qual é ao mesmo tempo considerado uma alma animal.[228] Embora a lenda da cegonha pareça ter sido pensada apenas para contar às crianças, ela na verdade é uma relíquia de antigas crenças do povo, que tem raiz na imaginação popular primitiva;[229] a expressão simbólica desse processo misterioso – que se mostra de modo semelhante no mito do abandono do herói, assim como em nossos sonhos – parece utilizar um pequeno número de formas típicas, com regularidade incontestável.

Se apesar dessa esmagadora evidência do simbolismo do nascimento, ainda restar dúvida sobre sua validade para o mito do herói, a demonstração de outro fato fisiológico acabará com qualquer dúvida. Ao que parece, nenhum detalhe do processo de nascimento foi desconsiderado, mesmo

---

226. MANNHARDT, Wilhelm. *Germanische Mythen* [Mitos germânicos]. Berlim, 1858, p. 265.

227. Sobre a fonte de água como símbolo da vulva, ver: STORFER. *Marias jungfräuliche Mutterschaft* [A gravidez virginal de Maria]. Berlim, 1914, p. 117, e LEVY. In *Zeit. F. Sex. Wiss.* [Revista de ciência sexual]. v. I, p. 318.

228. Cf. KLEINPAUL. *Die Lebendigen un die Toten* [Os vivos e os mortos], p. 112 ss., sobre o "sentido dessas e outras fantasias, das fontes de água, do ventre da mãe, e da cegonha, a cegonha de pernas avermelhadas, que traz as crianças, à qual tantos estudiosos dedicaram tanto sentido profundo, mas que nada mais é do que uma imagem brincalhona de comparação entre um longo pescoço, um longo ganso ou cegonha, ou um órgão que pode ser comparado a isso; algo que realmente retira as crianças do ventre da mãe. Quem não tiver perdido o juízo ouvirá igualmente as crianças perguntarem: "De onde vêm as crianças?". E os pais atônitos respondem: "A cegonha os trouxe". "O que há com a mãe que ela não levanta há seis semanas?". "A cegonha bicou a perna dela". "É inútil perder mais tempo discutindo sobre esse assunto.". F. S. Krauss também tem esse tipo de interpretação.

229. A mitologia de Usener também compreende essas tradições em um sentido meramente humano (A Lenda do Dilúvio). "Pode-se dizer que a imagem ainda vive hoje em dia em nosso imaginário. O que nossas crianças ouvem e pensam sobre o mistério do nascimento é uma continuação arbitrária do antigo simbolismo mítico. Faz parte do imaginário universal das crianças a imagem de que elas são trazidas pela cegonha. A cegonha é um pássaro migratório, ele vem de longínquas e misteriosas paragens, onde costuma-se imaginar as águas maravilhosas, das quais a cegonha retira as crianças, que ela então traz para o colo da mãe."

que seu significado original tenha sido alterado por racionalizações arbitrárias ou sublimações sentimentais. Em alguns mitos de heróis o recém-nascido só é salvo porque se coloca outra criança em seu lugar – uma criança "natimorta" – evitando assim que ele pereça. Um exemplo desse caso acontece na lenda de Ciro; na maioria das vezes, essa criança substituta é vestida com as roupas e as joias do herói e enterrada em seu lugar com todas as honras. Outras vezes, essa criança paralela tem um papel mais ativo, apresentando-se como o irmão gêmeo do herói, e vivendo parte do destino dele de uma forma mais apagada. O exemplo clássico desse tipo é a lenda dos Dióscuros. De acordo com o relato de Apolodoro (III, 10, 7) e Hygins (Fábulas, 80), Leda, a mãe dos Dióscuros, foi possuída na mesma noite por seu marido Tíndaro e por Zeus; por essa razão, um dos gêmeos, Polideuces, tem o destino de tornar-se imortal, enquanto o outro, Castor é um mortal.[230] A mesma oposição entre um herói divino e imortal e um irmão (gêmeo) humano e mortal, o qual vive uma existência apagada pode ser contemplada na lenda de Hércules e Íficles, assim como em uma série de figuras míticas. Esse fato contribuiu para a criação de contos de fadas de irmãos, nos quais o mais jovem e fraco acaba por suplantar os mais velhos.

Diferentemente do que afirma,[231] esses Dióscuros ou gêmeos divinos encontram-se não apenas entre os povos indo-germânicos (gregos, hindus), mas formam uma das mais difundidas formas de narrativas mitológicas. Como Ehrenreich[232] demonstrou, elas pertencem ao repertório tradicional de narrativas míticas de povos primitivos. Esse tema típico – às vezes combinado com a luta entre os irmãos gêmeos ainda no ventre da mãe – adicionado ao tema da gravidez e do nascimento mágicos encontra-se espalhado por todo o território americano. Todavia, nas mitologias tardias dos povos norte-americanos e polinésios os gêmeos ou par de irmãos aparecem espalhados em narrativas de grupos que têm a mesma genealogia. "Uma estranha característica, ainda não esclarecida, que surge em diversos grupos da América, é a de que apenas um irmão tem qualidades divinas, enquanto o outro é meramente humano. Seu pai engravidou pela segunda vez a esposa, que já se encontrava grávida de um deus. Por essa razão, esse segundo filho tem um caráter fraco e a imperfeição humana".[233]

---

230. Polideuces é chamado de Pólux em latim. (N.T.)
231. Cf. *Arch. f. rel. Wiss.* [Arquivos de Ciência da Religião]. v. II, 274.
232. EHRENREICH. *Die Allg. Mythologie* [A Mitologia Universal], p. 31.
233. Ibid., p. 69.

Um detalhe nessas lendas de povos primitivos, as quais Ehrenreich transmitiu sem compreender inteiramente seu significado, nos revela a explicação para esse estranho tema, o qual será bem empregado em nossa interpretação do mito do nascimento do herói. "O tema aparece igualmente em narrativas nas quais uma segunda criança surge a partir da placenta descartada do primeiro filho. Esse "menino da placenta" (*Nachgeburts--Knabe*) é uma das mais frequentes figuras em lendas hindus".[234] Essa concepção parece muito estranha à primeira vista, mas quando a interpretamos em relação a outros mitos ela torna-se mais familiar. Como acontece com frequência, o folclore nos oferece algo evidente, ainda que pareça incompreensível, e é preciso que nos esforcemos para decifrar essa tradição a partir do simbolismo do inconsciente.[235]

As representações supersticiosas de quase todos os povos primitivos e civilizados associadas à placenta demonstram uma relação muito íntima entre o indivíduo e sua placenta (inclusive com o cordão umbilical), de modo que sua felicidade ou infelicidade parece estar vinculada a ela por toda a sua vida; assim, ao manter e conservar cuidadosamente essa parte do indivíduo, ele terá sorte em sua vida; ao contrário, ao destruir ou descartar a placenta o indivíduo sofrerá ou até mesmo morrerá. Frazer colecionou e agrupou relatos sobre essa tradição com a conhecida meticulosidade, de modo que utilizaremos suas caracterizações em nosso contexto:[236]

> Na ilha meridional de Celebes[237] o cordão umbilical e a placenta são descritos respectivamente como o irmão e a irmã da criança. Eles são cozidos e servidos em uma panela com arroz para que a criança sempre tenha o que comer. (talvez essa seria uma justificativa para o arroz de panela utilizado em outras partes do mundo com outros ingredientes). Quando a criança (principesca) caminha pela primeira vez, ela é vestida com roupas reais e acompanhada pelo arroz de panela (com seus dois irmãos), protegida por um guarda-sol. Quando o príncipe ou a princesa morre a placenta também é enterrada.
>
> Os habitantes da ilha de Kei, no sudoeste de Nova Guiné, consideram o cordão umbilical como o irmão ou a irmã do recém-nascido, depen-

---

234. EHRENREICH. *Die Allg. Mythologie* [A Mitologia Universal], p. 239.
235. O chiste também faz reviver algo das formas arcaicas de pensar. Conta-se que um dia, quando estava de bom humor, um famoso comediante vienense quis fazer uma brincadeira com a feiura de um colega, dizendo-lhe que ao nascer a parteira deveria estar bêbada, pois, ao invés da criança criou a placenta.
236. *The Magic Art* [A arte mágica]. v. I, p. 182 ss; e BALDER, v. II, p. 160 ss.
237. Ilha da Indonésia.

dendo se for um menino ou uma menina. O cordão umbilical é colocado em uma panela com cinzas e pendurado no ramo de uma árvore para que cuide atentamente do destino de seu irmão. Entre outros povos, a placenta é enterrada na floresta ou em um buraco embaixo da casa, embora essa tradição mais pareça um ritual para afastar influências nocivas (demoníacas) do que um mero enterro.

Os Baganda da África acreditam que todo indivíduo nasce com um sósia, o qual eles identificam com a placenta, considerada por eles como uma segunda criança. O cordão umbilical tem um papel importante na denominação da criança, chamando-se ele mesmo "gêmeo" (*mulongo*). Assim, o cordão umbilical ou "gêmeo" do rei é envolto em uma roupa de criança, adornado com pérolas e tratado como uma pessoa; então ele é entregue à custódia do *Kimbugwe*, a segunda autoridade naquela terra, o qual o deposita em uma casa construída especialmente com esse propósito. A cada mês, assim que a lua nova brilha no céu, o *Kimbugwe* lidera uma alegre procissão acompanhada por música, e carrega o embrulho onde está o "gêmeo" até a casa real. Então, o rei verifica o embrulho e o entrega de volta ao *Kimbugwe*. Quando o rei morre, seu "irmão gêmeo" é enterrado junto com ele e seu espírito passa a habitar ambos os restos mortais.

Entre os Batas, de Sumatra, assim como entre outros povos dos arquipélagos do Oceano Índico, a placenta é considerada o irmão ou a irmã da criança, sendo enterrada embaixo da casa.

No interior da Ilha de Java, as mulheres decoram a placenta com frutos e flores e a iluminam com pequenas velas, deixando-a descer correnteza abaixo à luz do anoitecer para servir de refeição aos crocodilos, que na verdade representam seus antepassados.

Alguns povos primitivos das ilhas realizam uma cerimônia na qual jogam a placenta no mar: ela é colocada em uma panela bem tampada e levada por um barco até o mar, onde é abandonada. Um orifício é feito na panela para que afunde.

Entre os Maori, quando da cerimônia de nomeação da criança, o cordão umbilical é enterrado em um local sagrado, onde uma muda é plantada. Se a planta vingar é um bom sinal para a vida da criança. O mesmo ocorre entre os habitantes das Ilhas Fiji, para os quais a vida do menino tem íntima relação com a árvore, plantada juntamente com o cordão umbilical. Entre os Fiji, o cordão umbilical das meninas é lançado ao mar pela mãe (ou irmã) na primeira pescaria após o nascimento, para que a menina se torne uma boa pescadora.

Entre os Kooboos, uma tribo primitiva de Sumatra, é muito forte a ideia de que a placenta e o cordão umbilical são uma espécie de sósia espiritual; assim, eles são considerados os respectivos irmãos ou irmãs da criança, apenas mais elevados espiritualmente, pois seu corpo não se desenvolveu; são espíritos protetores para toda a vida, nos quais os Kooboos sempre pensam, embora eles interpretem e denominem a placenta e o cordão umbilical como uma só entidade.

Assim como nos costumes mágicos dos povos primitivos ocorre a representação da placenta enquanto uma segunda essência – a qual tem predominantemente um caráter protetor, o que demonstra uma visível relação com a alma do corpo[238] – as mesmas ideias supersticiosas também se mostram entre os alemães,[239] ingleses,[238] rutenos,[238-240] italianos,[241] povos nos quais é possível encontrar outras formas de racionalização de ritos ininteligíveis, no sentido e uma magia de fertilidade que ainda contém algo do primitivo significado que muitas vezes vem à tona. Pois, os costumes dos povos primitivos, os quais, nos termos de sua demonologia, querem afastar o mal dos recém-nascidos, em uma interpretação psicanalítica somente podem surgir pela própria hostilidade dos pais, de modo que parecem corroborar o fantasiado romance familiar do herói.[242] Nesses costumes surge o mesmo compromisso como no romance familiar, no qual o menino herói ameaçado é salvo pela introdução de uma vítima que é sacrificada em seu lugar. Assim, o mito e o rito correspondem-se em igual medida, como nos costumes onde a placenta é jogada na água – pode-se até mesmo dizer sacrificada – de modo a poupar a criança desse mesmo destino.[243]

Mas não é apenas nas lendas e costumes dos primitivos que se revela com nitidez uma parte do simbolismo do nascimento que fundamenta o mito do herói; não seria espantoso se entre os cultos altamente desenvolvidos da Antiguidade encontrássemos aqui e ali algum fragmento do significado primitivo que penetrou na consciência; algum fragmento que tenha relação com um detalhe da tradição e que surge de um modo enfatizado. Assim ocorre, por exemplo, com o aparecimento em diversos sonhos de pe-

---

238. Ver: RANK, O. *Der Doppelgänger* [O sósia]. *Imago*, v. III, p. 194.

239. FRAZER, James Georg. 1. C. P. 198, assim como Ploss-Bartels: *Das Kind etc.* [A criança etc.]. v. 1, p. 15 ss.; v. II, p. 198, ss.

240. Antiga etnia na atual região da Ucrânia. (N.T.)

241. BELLUCCI, G. *La placenta nelle tradizione italiane e nell' etnografia* [A placenta na tradição italiana e na etnografia]. *Arquivos de Antropologia e de Etnografia italiana*, v. XL, 1910, n. 3-4. (De acordo com KRAUSS, F. S. *Folkloristisches von der Mutterschaft* [Narrativas folclóricas sobre a gravidez], onde há igualmente outros costumes relacionados à placenta, especialmente entre os japoneses.)

242. Ver as investigações de Freud sobre a magia e o poder dos pensamentos. *Imago*, v. II, 1913.

243. Algumas tribos fundamentam o costume de atirar a placenta no mar com a afirmação de que, desse modo, quando a criança crescer ela escapará dos perigos de se afogar no mar.

quenos recipientes (caixinhas), cujo significado feminino é frequentemente utilizado na cultura grega com o mesmo sentido de nossa interpretação do mito do abandono do herói. Na antiquíssima cerimônia da hierogamia, a serpente-falo dourada, da qual era sacrificada a virgindade, era encerrada em uma pequena caixa ou cesto e transportada como uma pequena joia em processões festivas para os Mistérios de Atenas e Eleusis.[244] Do mesmo modo, nos mitos com os quais nos ocupamos, a pequena caixa ou cesto representa o ventre da mãe. O estudioso Otto Gruppe[245] já indicava que as lendas de Tennes, Erictônio, Perseu, Moisés, Noé etc., sugeriam o nascimento de Deus por meio do ato de ocultar o herói em um recipiente.[246] O mesmo ocorre com a lenda de Baco, o qual, segundo Pausânias (III, 24), em razão da perseguição do rei é depositado nas águas do Nilo em uma caixa, e com apenas três meses de idade é salvo por uma das princesas, o que lembra acidentalmente a lenda de Moisés.[247]

Em algumas tradições americanas,[248] o recipiente no qual é depositado o herói recém-nascido é representado como se estivesse cheio de uma massa de sangue escuro; outras vezes, é a indicação temporal que sugere uma forte aproximação com a duração da gravidez, como no mito de Ares, o qual (de acordo com a *Ilíada*, 5, 387) permaneceu amarrado em um barril por 13 meses, recipiente que Böcklin[249] compara com uma caixa ou com a arca. Ou talvez, como em Deucalião, o Noé grego, o qual boiou por nove dias e nove noites na água. Outras tradições parecem enfatizar diretamente o mero processo animal do nascimento, pelo fato de trazerem à tona a relação de proximidade entre o herói e algum monstro marinho, o qual engole

---

244. Aqui há semelhanças com as lendas de Jesus (ver nota 140, na p. 59) investidas no âmbito da Ciência da Religião em nossa interpretação psicológica. Assim, o filólogo da Antiguidade A. Körte precisou esforçar-se muito para provar que os Apologistas e Pais da Igreja – os quais não temiam nomear as coisas antigas por seu nome correto – que a misteriosa cista [cesta] mística dos Mistérios de Eleusis representava um símbolo do ventre da mulher. Cf. *Arch. f. Rel. Wiss.* [Arquivos de Ciência da Religião]. v. XVIII, 1915, p. 116.
245. GRUPPE, Otto. *Griech. Mythol.* [Mitologia grega]. Berlim, 1891.
246. Proclus compara a Arca, feita de madeira por Noé, com a Arca que Cristo, o Noé espiritual construiu para si a partir do ventre de Maria. Hesíquio descreve Maria como uma "Arca" muito mais larga, longa e maravilhosa do que a Arca de Noé. (De acordo com Storter: *Marias jungfräuliche Mutterschaft.* [A gravidez virginal de Maria]. Berlim, 1914, p. 109).
247. Ver igualmente o mito babilônico de Marduk-Tammuz, assim como o mito egípcio-fenício de Osiris-Adonis em WINKLER: *Die Weltanschauung des alten Orients* [A visão de mundo do antigo Oriente]. Ex Orient lux I, 1, p. 44; e JEREMIAS, op. cit., p. 411.
248. Ver: EHRENREICH, 1, p. 81.
249. BÖCKLIN. *Die Unglückzahl* [O número do azar]. 13, p. 15.

o herói e mais tarde o regurgita (o tema de Jonas). Em uma série de tradições helenísticas aparece o herói que é engolido e regurgitado pelo monstro marinho; o herói que se afoga e é carregado morto para a praia; o herói carregado para o mar dormindo, assim como o belo menino-deus (Arion) que galopa no dorso de um golfinho, o qual deve ter inspirado a imagem de Melkart sentado no cavalo marinho.[250]

Outras tradições, por meio do nome do herói, apontam de um modo revelador para o sentido do simbolismo do nascimento. Assim ocorre com a lenda de Kypselos, narrada por Heródoto,[251] de acordo com a qual, Labda salva seu filho recém-nascido protegendo-o de inimigos em caixas de farinha, "e por ter escapado do perigo, o menino recebeu o nome de "Kypselos", "o construtor de caixas", inspirado nas caixas de farinha". Do mesmo modo, Leo[252] argumenta que o nome do herói anglo-lombardo Schaf (ou Scaef) diferentemente da interpretação da etimologia racionalista não significa "maço de feno", mas que essa palavra está relacionada ao alto-alemão *Schaffing* (barril): "Embora Scyld foi chamado de Scefing, é mais provável que ele não tenha um pai chamado Schaf, mas que tenha sido carregado pelas ondas e chamado então de filho do barril". Nesse mesmo sentido, Cassel[253] enfatiza: "*Scild é um filho da arca, do pequeno barco, da caixa na qual ele chegou à costa*. No antigo alto-alemão *Scef*, transcrito como *Skaf*, significa *Schiff* [barco], ou seja, aproxima-se de *Schaffing*, nome dado ao barril, enquanto *Skef* significa 'receptáculo', o que se aproxima da palavra latina *scapha* (esquife). A interpretação da palavra como 'maço de feno' aparentemente surgiu em uma época posterior. Uma nova linhagem também descendeu da arca de Noé, a qual, sem vela nem leme, foi protegida por Deus. Todos os seres humanos que deles descendem são filhos de Noé e da arca. *Scild Scefing* é também um filho de seu barco, como indica seu nome".[254]

Uma generalização ainda mais ampla e clara é expressa na ideia do nascimento da criança na água, que representa por excelência o tema do abandono do herói. Assim como o hindu Aptya, que significa "aquele que nasceu

---

250. SCHMIDT. *Jonas*, p. 126.
251. HERÓTODO. V, p. 92 ss.
252. FROBENIUS, Leo. 1904, nota da p. 24.
253. CASSEL, 1886, nota 43.
254. Cassel (1886, p. 196, nota 177) indica que o nome Noé é utilizado em diversas variações como "barco": *nau* [barco, embarcação] em sânscrito: *nauz, navis, neein*. Kleinpaul apontou o significado feminino do barco aos olhos dos marinheiros.

na água", ou, como o escoliasta do Rigveda esclarece: "filho das águas".[255] De acordo com Leopold Schröder[256] (p. 31), o Purûravas veda afirmava: "A mulher d'água me trouxe o que eu desejava: um nobre menino nasceu na água". Agni é chamado de "neto das águas" (*apam napat*). A versão de Saxo sobre o mito da deusa nórdica Frey também contém o nascimento na água.[257] Baseado na etimologia popular, o nome de Moisés é interpretado como "aquele que foi retirado das águas" ou "filho da água" (Velho Testamento de José, II:6). O folclore alemão chama os filhos das jovens que são engravidadas por uma correnteza de água [*Wasser*] de *Wasserpeter* e *Wasserpaul* [Pedro da água ou Paulo da água][258] ou de *Wassersprung* e *Brunnenhold* [salto d'água e encanto da fonte], de acordo com Mannhardt.[259-260] Do mesmo modo, o herói anglo-lombardo Scéaf é considerado "filho da água" (e do recipiente) no qual ele flutuou: esses são seus pais.

A confirmação imediata dessa interpretação do abandono na água – uma interpretação extraída do simbolismo universal humano – nos é apresentada pelo próprio material, nos sonhos do avô de Ciro (ou, de um modo ainda mais convincente, na versão ctesiana de sua mãe). No sonho que a mãe de Ciro teve antes de seu nascimento, saía tanta água do colo dela que toda a Ásia era alagada.[261] De um modo surpreendente, em ambos os casos, os sábios caldeus interpretaram o sonho com água como sonhos de nascimento. Há grande probabilidade de que esses sonhos com água sejam construídos a partir de algum simbolismo antiquíssimo, em uma obscura premonição das relações e conexões verificadas cientificamente por Freud em sua doutrina dos sonhos.

---

255. MANNHARDT, Wilhelm. *Germanische Mythen* [Mitos germânicos]. Berlim, 1858, p. 213.
256. SCHRÖDER, Leopold. p. 31.
257. MANNHARDT, Wilhelm. *Germanische Mythen* [Mitos germânicos]. Berlim, 1858, p. 214 e 221.
258. GRIMM. 1865, 3, 60.
259. MANNHARDT, Wilhelm. *Germanische Mythen* [Mitos germânicos]. Berlim, 1858, p. 216 ss.
260. Sobre o líquido amniótico e o herói das lendas, ver: ASBJÖRNSON; MOE (traduzido por Bresemann). n. 5, K. H. M. n. 29; MEIER. *Märchen* [Contos de fadas]. n. 79, p. 273; PRÖHLE. *M. f. d. Jugend*. n. 8, p. 30.
261. O fato de que esse sonho é atribuído ao avô por Heródoto não nos parece uma variação arbitrária, pois na lenda que fundamenta o romance familiar há igualmente um representante típico do pai, o qual profetiza por meio de um sonho mais ou menos simbólico o perigo da ruína que virá em decorrência do filho (ou neto) que ainda não nasceu. Como demonstram claramente as tradições, a associação com o avô fundamenta-se no tema do ciúme do pai em relação a sua filha (ver p. 107), mas apesar de todo cuidado a criança nasce.

Essa interpretação mais abrangente do significado do sonho, que surge em conexão com os estereótipos da imagem de advertência no mito do herói, parece indicar que lidamos aqui com uma antiquíssima matéria onírica,[262] cujo núcleo se tornará acessível por meio de nosso conhecimento científico dos sonhos. Podemos observar outra confirmação que autoriza essa interpretação, a qual equipara os sonhos com água e o abandono do herói, no fato de que é precisamente na lenda de Ciro, na qual há um sonho com água, que o tema do abandono encontra-se ausente, de modo que o mito do sonho do nascimento é simplesmente representado como real.

Mas, no caso de mitos tendenciosos de herói, é preciso não se incomodar com as incongruências na sequência dos elementos individuais do nascimento simbólico com os processos reais de nascimento. Assim como afirmou Freud, essa desordem ou inversão temporal se explica pelo modo universal como as lembranças e fantasias são assimiladas: parece que nas fantasias é aplicado o mesmo material, mas em uma disposição inteiramente diferente, de modo que não há cuidado algum com a sequência natural das ações.[263]

Além dessa inversão formal, o conteúdo também necessita de uma explicação especial. O primeiro motivo para a representação do nascimento por meio de seu oposto – o abandono mortal na água – é a acentuação da hostilidade dos pais contra o futuro herói.[264] Compreendemos a influência criadora dessa tendência de representar os pais como os primeiros e mais poderosos

---

262. A antiga lenda babilônica sobre o dilúvio – a qual se mostra na lenda de Ciro como a água do nascimento que inunda toda a Ásia – faz parte desse contexto, De acordo com Berosus, o rei Xisuthros foi avisado em um sonho que todas as pessoas iriam morrer em uma grande enchente, mas ele mesmo e sua família seriam salvos em um barco. Já na enigmática passagem dos escritos cuneiformes nos quais surge o relato de um dilúvio, segundo a interpretação de alguns pesquisadores tem relação com imagens oníricas.

263. Predominam as mesmas condições na estrutura dos sonhos e na transposição de fantasias históricas em crises históricas. Sobre esse assunto, ver: *Traumdeutung* [A interpretação dos sonhos], p. 238, assim como as notas; além disso: Freud. *Allgemeines über den hysterischen Anfall* [Noções gerais sobre as crises histéricas]. In: *Sammlg. Kl. Scr, z, Neurosenlehre* [Coleção de pequenos escritos sobre a doutrina da neurose], segunda série, p. 146 ss. O mesmo ocorre na atividade da fantasia poética, como um trecho de Strindberg demonstra de um modo especial: "Eu consigo tratar minhas lembranças como as partes de uma construção; posso ordená-las dos modos mais diversos; a mesma lembrança pode servir em diferentes arranjos em uma construção fantástica, onde as cores variam e o número de relações possíveis é infinito. Nesse jogo tenho o sentimento do infinito". (SEEMAN, H. *Einsam* [Solitário]. 1905, p. 76).

264. De acordo com um impressionante comentário de Jung, essa inversão em outras sublimações míticas permite a associação da vida do herói com o curso do sol (*Wandlung und Symbole der Libido*). [Metamorfoses e símbolos da libido], II Teil.

oponentes do herói quando nos lembramos que todo romance familiar se fundamenta no sentimento de abandono, ou seja, na suposta hostilidade dos pais. No mito, essa hostilidade chega a tal ponto que os pais não querem nem mesmo deixar a criança nascer; é por essa razão que o herói se lamenta; além disso, o mito revela o desejo de impor o nascimento até mesmo contra a vontade dos pais. Mas, o perigo de vida que se oculta por detrás do nascimento, representado no mito pelo abandono, está presente na realidade no próprio ato do nascimento. Ao refletir sobre todos esses obstáculos, o pensamento que vem à mente é que o futuro herói na verdade já venceu as maiores dificuldades em seu próprio nascimento, ao afastar com sucesso todas as tentativas de impedir sua concretização.[265] E aqui é necessário introduzir uma segunda interpretação, segundo a qual, pressentindo que seu destino será sofrer as maiores dificuldades da vida, o jovem herói se lamenta em uma disposição de espírito pessimista pelo fato de lhe haverem dado a vida, como se estivesse em face de um ato inimigo. Ele acusa os pais por terem-no abandonado em uma vida hostil, e por deixarem-no nascer.[266] A recusa em deixar o filho nascer, especialmente por parte do pai, parece com frequência ocultar o motivo oposto, o desejo de ter um filho (como em Édipo, Perseu etc.), o qual é projetado exteriormente na atitude de hostilidade contra o sucessor do trono e do reino, cuja culpa é imputada a algum oráculo que se revela como substituto do sonho prenunciador da desgraça ou, melhor dizendo, como um equivalente de sua interpretação.

Por outro lado, o romance familiar demonstra que a aparente fantasia da criança em estranhar os pais não é outra coisa senão a confirmação de que eles são os seus verdadeiros pais. O mito do abandono também não

---

265. Pertence a esse tema o número 2 de nosso esquema: a abstinência voluntária ou a separação violenta dos pais, a qual tem naturalmente por consequência a concepção em circunstâncias maravilhosas e o "parto virgem" da mãe. As fantasias de aborto, as quais são especialmente claras na lenda de Zoroastro, pertencem a esse contexto, assim como os relatos de heróis que são arrancados prematuramente do ventre da mãe, como Sigurt (Grimm, 1885, p. 322), ou Tristão (em Eilhardt), Vikramaditiya, entre outros.

266. Parece estar em plena concordância com nossa interpretação, quando o poeta romano Lucrécio compara o nascimento com um naufrágio: "olhe para o pequeno menino, como ele é lançado contra a fúria das ondas contra a margem dos navios naufragados, pobre criança! Ali está ele, nu, por sobre a terra, carente de todo tipo de alimento, e a natureza foi a primeira que lhe arrancou dolorosamente do ventre da mãe. Ele enche com lamentos de tristeza o lugar onde nasceu, e com razão, pois, tantas tristezas ainda hão de lhe ocorrer. (Lucrécio, De natura rerum, V, p. 222-7). De um modo semelhante, na primeira versão de Die Räuber, Schiller afirma sobre a natureza: "Ela nos deu o espírito das descobertas, e nos abandonou nus e miseráveis nas margens desse grande oceano do mundo. Nade, quem puder nadar, e quem for muito pesado afundará!".

contém – quando traduzido com o auxílio do simbolismo – nada mais do que a afirmação: "esta é minha mãe, a qual me deu à luz em obediência ao comando de meu pai". Em decorrência da tendência do mito e do consequente deslocamento da atitude hostil da criança em relação aos pais, a afirmação sobre a verdadeira paternidade se expressa na forma de uma recusa.

Por meio de uma investigação mais detalhada percebemos que a atitude hostil do herói em relação aos seus pais recai principalmente sobre o pai. Na maioria das vezes o que ocorre, como no mito de Édipo, Paris, entre outros, é que o pai recebe a profecia de que uma desgraça o atingirá em razão do filho esperado; com isso, o pai é levado a abandonar o menino, e a persegui-lo e ameaçá-lo de todas as formas após a inesperada salvação dele; ainda assim, concretizando a profecia, o pai sucumbe perante o filho. Para compreender esse traço, o qual princípio parece estranho, não é preciso procurar nos céus por algum processo no qual ele possa ser indicado detalhadamente. Quem observar com olhos abertos e com imparcialidade as relações entre pais, filhos e irmãos, como elas realmente são,[267] vai encontrar muitas vezes – pode-se até mesmo dizer que encontrará regularmente, quando não de um modo evidente e duradouro, mas certamente de um modo furtivo, repousando no inconsciente de onde às vezes irrompe – certa tensão entre o pai e o filho, assim como uma frequente concorrência entre os irmãos. Os momentos eróticos são alguns dos fatores – em regra, os mais profundos – que desencadeiam a aversão do pai contra o filho, ou a concorrência que acontece entre irmãos, os quais buscam a atenção carinhosa da mãe. A lenda de Édipo nos mostra claramente – apenas em maiores dimensões – a precisão dessa interpretação, pois nela o assassinato do pai é seguido do incesto com a mãe. Essa relação erótica com a mãe, a qual predomina em outros círculos míticos, foi relegada a segundo plano nos mitos do nascimento do herói,[267] enquanto a oposição contra o pai foi fortemente enfatizada.

---

267. Cf. A exposição dessa relação e de suas consequências espirituais em FREUD, S. *Traumdeutung* [A interpretação dos sonhos], p. 172 ss.

268. Em alguns mitos têm-se a impressão de que a relação de amor com a mãe foi removida por ser muito escandalosa para a consciência de algumas épocas e povos. Traços dessa remoção podem ser reconhecidos ao compararmos diferentes mitos ou diferentes versões do mesmo mito. Por exemplo, na versão de Heródoto, Ciro é filho de uma filha de Astiages, mas, de acordo com o relato de Ctesias, ele desposa a filha de Astiages após destroná-lo, matando o esposo dela, o qual, na versão de Heródoto é seu pai. (Ver HÜSING. *Beiträge zur Kyrossage* [Contribuições à lenda de Ciro], XI). A comparação da lenda de Darab com a lenda muito semelhante de São Gregório deixa claro que na lenda de Darab o incesto da mãe, o qual precede o re-

Todavia, o fato de que seja exatamente a mãe, em sua relação com o herói, quem deve ser tratada de uma maneira tão "madastra"[269] – no pleno sentido da palavra – não parece estar de acordo com nossa interpretação do nascimento enquanto abandono. Mas, outro motivo bastante persistente nos revela que a discórdia é apenas ilusória. Pois, com evidente regularidade, a mãe biológica é substituída por algum animal que socorre o herói abandonado e se oferece como sua ama de leite.[270] Abstraindo-se da ênfase sobre a relação meramente animal com a mãe, cuja interpretação pela criança ainda abordaremos, persiste nesse tema uma parte da doutrina de filiação totêmica dos povos primitivos, cujos profundos significados humanos foram igualmente revelados por meio das pesquisas de Freud.

---

conhecimento do filho, foi simplesmente omitido; aqui, ao contrário, o reconhecimento evita o incesto. Essa atenuação pode ser estudada em *statu nascendi* [em sua origem] no mito de Telefo, onde o herói desposa a própria mãe, mas a reconhece antes da plena concretização do incesto. Sobre esse assunto, ver nosso livro *Das Inzestmotiv in Dichtung und Sage* [O tema do incesto na literatura e nas lendas] (1912), onde abordamos o tema do incesto de um modo detalhado, incluindo diversos pontos os quais foram deixados de lado nessa obra. Em minha pesquisa sobre a "Lenda de Lohengrin" (1911) investiguei de um modo mais detalhado a relação entre o tema de Édipo com o mito do nascimento do herói, cujo caráter cíclico eu busquei explicitar a partir das descobertas de Freud sobre a identificação com o pai. Assim explica-se a identidade entre pai e filho que surge em algumas lendas, a repetição de suas biografias, o fato de que o herói muitas vezes é abandonado já em idade adulta, bem como a relação íntima entre o nascimento e a morte no tema do abandono. (Sobre o tema da água como "água da morte", ver o cap. VI da Lenda de Lohengrin). Jung, o qual vê no destino típico do herói as representações da libido humana e de seu destino típico, inseriu esse tema enquanto fantasia da reencarnação no centro de sua interpretação, subsumindo a ela o tema do incesto. Com isso, ele pretende explicar não apenas os estranhos aspectos envoltos no nascimento do herói, mas também o tema de suas duas mães, ou seja, o fato de que o nascimento do herói dá-se no intercurso de uma misteriosa cerimônia de reencarnação a partir do ventre de uma "mãe-esposa". (1, p. 356).

269. Em alemão no original "*stiefmütterlich*". (N.T.)
270. Em algumas formas tardias de lendas (Rômulo, Ciro), a interpretação racionalista desse "milagre" buscou torná-lo plausível ao tentar atribuir um nome feminino aos animais (Cino, Spako, Lupa), o que seria então o fato que provocou o adorno maravilhoso da lenda. Nesse contexto, é necessário observar que um grande número entre nossos nomes de família burgueses não apenas têm origem totêmica (*Fuchs, Wolf, Bär* etc. [raposa, lobo, urso etc.]), mas também parecem representar os papéis degradados da figura do pai (Fischer, Müller, Schneider [pescador, moleiro, alfaiate]). Sobre o tema de animais nas lendas de abandono, ver os trabalhos de Bauer (p. 574), Goldziher (p. 274), e LIEBRECHT. *Zur Volkskunde: Romulus und die Welfen* [Sobre o folclore: Rômulo e os lobos]. Heilbronn, 1879. Sobre os fundamentos totêmicos da loba romana, ver JONES. *Alptraum* [O pesadelo], p. 57 ss. Jung abordou o tema do pica-pau na lenda de Rômulo (cap. 1, p. 382). Sobre esse assunto, ver também: GUBERNATIS. *Zoological Mythology* [Mitologia animal]. Londres, 1872, traduzido para o alemão por Hartmann. *Die Tiere in der indogerman. Mythologie* [Os animais na mitologia indogermânica]. Leipzig, 1874.

A ciência compreende o totemismo como o primeiro nível de organização social humana, cujos traços principais consistem no fato de que os integrantes da sociedade totêmica honram o totem como o ancestral comum da tribo, evitando e sentindo repulsa por relações sexuais dentro do grupo. Assim, há uma correspondência entre esses traços e o fato de que o Totem – em geral um animal – protege seus descendentes, assim como é protegido por eles, o que parece incorporar de um modo direto o papel propício da mãe animal no mito do herói.

O paralelismo entre essa adoração do totem com uma série de observações de crianças e neuróticos por Freud[271] demonstrou uma singular adoração por um determinado animal enquanto ancestral comum do grupo, resultando em uma identificação inconsciente desses animais com o pai; os primitivos expressavam isso de uma forma muito direta, pois eles se consideravam descendentes do totem, de um modo bem mais que metafórico. Com isso, seria facilmente explicável a adoração do totem, mas não a cerimônia singular do sacrifício oferecido a ele de tempos em tempos. É aqui que Freud se insere, ao associar a esse enigma o outro enigma do surgimento da interdição do incesto, ao qual corresponde a exogamia na sociedade totêmica. Assim, ele se filia aos estudos de Darwin e Atkinson, os quais contemplam as mais antigas formas de sociedade humana em analogia com a sociedade dos macacos superiores como uma espécie de "horda primitiva", composta por diversas fêmeas e um macho mais velho e forte. Esse macho, o qual não tolerava nenhum rival na horda, matava os filhos ou os expulsava assim que alcançassem a maturidade sexual. Mas, enquanto Darwin e Atkinson não encontraram o caminho desde essa "horda primitiva" até o primeiro nível de organização social, Freud reconstruiu o caminho a partir do verdadeiro sentido do totemismo, revelado somente por meio do método psicanalítico. Atkinson já suspeitava que esses filhos expulsos juntavam-se em grupos e, fortalecidos pelo interesse comum, acabavam por assassinar o pai. Esse fato corresponderia à unificação da tribo em torno do sacrifício totêmico. Mas, como cada um dos membros desejava as mulheres para si, e como nenhum deles era forte o suficiente para excluir os outros, surgiu então o descontentamento e a insatisfação. De modo a preservar a tribo, sem a qual os indivíduos também não sobrevivem, alguns membros precisavam voluntariamente abrir mão das fêmeas da tribo. O importante papel representado pelas "sociedades de homens" (*Männerbünde*) em todos os povos primitivos é um dos pilares que sustentam essa interpretação. Por meio dessa renúncia estaria presente o fundamento para a exogamia totêmica, assim como a adoração posterior do mais poderoso, do pai admirado, de cujo inútil as-

---

271. *Totem und Tabu* [Totem e tabu], 1913.

sassinato os filhos se arrependiam. Todos esses acontecimentos, os quais apenas podem ser pensados naturalmente como o resumo de um desenvolvimento ocorrido em milhares de anos, deixaram seus traços nos ritos totêmicos e em outros costumes, do mesmo modo como têm reminiscências nas tradições míticas, assim como nas narrativas fantásticas.

Observado a partir desse ponto de vista, parece que o romance familiar do herói reflete, de certo modo, a primitiva perseguição do filho pelo pai, que mais tarde será lembrada na fantasia como o "tempo dentro do tempo" do nascimento, ou até mesmo como um tempo anterior ao nascimento; isso ocorrerá assim que o filho sentir que não deve mais nada ao pai – a quem ele imputa hostilidade – nem mesmo a vida. É aqui que entra a ação salvadora da mãe, aquela que talvez na história primordial protegeu o filho da ação do pai cruel após o nascimento. Esse fato é demonstrado de um modo bem inocente no mito de Zeus, quando sua mãe, por temer Cronos, "aquele que comia os filhos", deu à luz e o ocultou em uma caverna nas montanhas de Ida, onde o menino foi amamentado pela cabra Amalthea. Desse modo, no mito do herói a mãe retorna como animal totêmico protetor e alimentador, enquanto no procriador continua a viver o antigo pai primordial em todo o seu primitivismo.

O mito do abandono do herói expõe (*darstellt*) – além do significado simbólico do nascimento – um ato evidentemente hostil por parte do cruel pai primitivo, o qual, por meio do oráculo, manifesta a vontade de que, na verdade, o filho nunca tivesse vindo ao mundo.

Em outros conteúdos dos mitos de heróis é possível perceber facilmente que o ato hostil do pai primordial ainda se repete algumas vezes. A primeira ocorre assim que o menino, o qual passou a infância em terra alheia, torna-se um jovenzinho. Nessa época, o filho mítico abandona pela segunda vez sua terra natal, "para procurar aventuras"; e nessa mesma época, de um modo estranho, o pai toma suas medidas preventivas para assegurar sua vida e seu poder. É possível compreender o verdadeiro significado desse traço mítico quando se compara o oposto etnológico dele, os ritos de puberdade dos selvagens, que Reik elucidou em um valioso estudo psicanalítico.[272] Ali, o jovem amadurecido é apresentado – de um modo ainda mais notável no rito – ao poder ainda soberano do pai. Os atos de hostilidade contra os jovens que os antigos se permitiam nessas cerimônias festivas deveriam servir como forma de advertência para que eles não ousassem concretizar seus desejos secretos, originários do "complexo dos pais" (*Elternkomplex*), ao mesmo

---

272. Die Pubertätsriten der Wilden [Os ritos de puberdade dos povos primitivos]. *Imago*, IV, 1915.

tempo em que serviriam como prova da firmeza de sua força masculina, o que os tornaria dignos de passar para a geração mais velha e de serem aceitos no círculo dos pais. No mito, o modo como a hostilidade do pai se repete pela primeira vez é representado pela "tarefa" (*Aufgabe*) – que corresponde inteiramente ao elevado nível cultural – por meio da qual o herói deve provar que é digno. São sempre tarefas muito especiais, para as quais ninguém foi capaz e em cuja resolução todos os que ousaram encontraram a morte. Mas, contrariando todas as expectativas daquele que impôs a tarefa, e não obstante todos os obstáculos, o herói consegue vencer. Esse processo, repetido por diversas vezes, resulta nas verdadeiras "ações heroicas", as quais, quando vistas a partir de um ponto de vista sofisticado, têm uma relação muito próxima com o abandono do herói e com suas "tarefas" correspondentes.

O *abandono* representa – em seu significado simbólico – o nascimento que ocorre nas mais difíceis circunstâncias das relações primitivas. Por isso, o nascimento surge como a primeira grandiosa ação (tarefa) que o herói, apesar de todas as dificuldades, consegue superar.[273] Assim, o mero ato de ser um filho já é heroico.

---

273. Nesse ponto, é preciso recordar o antigo costume germânico de abandonar a criança em uma pequena tábua no rio Reno antes do reconhecimento da paternidade por parte do pai (cf. CIVILLI, R. *Le jugement du Rhin et la legitimation des enfants par ordalie* [O julgamento do Reno e a legitimação pelo *ordalie* (julgamento medieval)]. Boletins e memórias da Sociedade de Antropologia de Paris, Parte III, 1912, p. 80-8. Há um relato semelhante do povo Banto, da África Central. Ver: SPEKE, John Hamming. *Journ. of the Discovery of the source of the Nil* [Revista de descobertas das fontes do Nilo]. Londres: Livraria popular, 1912, cap. XIX, p. 444. Quando, por exemplo, um Celta duvidava de sua paternidade sobre um recém-nascido, ele o depositava em uma grande tábua de madeira no rio mais próximo. Se a correnteza o trouxesse para a margem, ele seria considerado legítimo, caso ocorresse o contrário a mãe também seria sacrificada. Ver: HELBING, Franz. *Gesch. der weibl. Untreu* [História da infidelidade da mulher]. Berlin, 1895, v. II. Além disso, há o costume muito difundido entre os povos germânicos de erguer a criança recém-nascida como gesto de reconhecimento da legitimidade da paternidade, o que se assemelha completamente ao costume romano do *líberos tollere suscipere* [levantar a criança em reconhecimento]: assim, no costume germânico, a criança que se encontrava depositada no chão era então acolhida pelo pai ou abandonada (antigo alemão: *ut bera, ut kasta*) [acolher ou abandonar]. Sobre esse tema, ver igualmente o elucidativo ensaio de NEJMARK, Antoni. *Die geschichtliche Entwicklung des Deliktes der Aussetzung* [O desenvolvimento histórico do delito do abandono da criança]. Araus, 1918, p. 13 e 28. James Georg Frazer, busca explicar tanto o abandono da criança, como a utilização da água enquanto típico *medium* [meio], a partir de costumes antigos não foram compreendidos psicologicamente; por exemplo, os costumes que lembram as cerimônias de confirmação da legitimidade da paternidade pelos julgamentos através da água [*Wasserordalie*], os quais são eles mesmos apenas um dos significados simbólicos do abandono na água após o nascimento. Sobre esse tema, ver: ZACHARIAE, T. "O papel da água na simulação do nascimento da cerimônia da reencarnação". *Revista Alemã de Etnologia*. Berlin, v. XX, p. 145 ss., 1902.

A verdadeira tarefa, que é colocada na época da maturidade, e cujo caráter funesto de sua intenção a denuncia como um substituto do abandono é a prova de virilidade, a qual, como o tema do abandono, tem um significado duplo (ambivalente): ela expõe o jovem à perdição, mas, ao vencer essa provação, ele se torna igual a seu pai (Ordenação).[274]

O tema do abandono – como os mitos, e mesmo como os temas dos contos de fadas – é cheio de sentimentos ambivalentes, parecendo ser uma forma recíproca de proteção – como uma espécie de "seguro de vida" – posto que, em razão do abandono e da consequente perseguição do pai, o filho é colocado a salvo do pai, seu algoz. Mas, após isso o filho se transforma no temido inimigo do pai. Por essa razão, não é de se admirar que a tarefa do herói, que representa originalmente um desdobramento do impulso de eliminação do pai primitivo contra seu filho, revela-se como vingança disfarçada do filho contra o "maldoso" pai (parricídio). Ao mesmo tempo, isso é obscurecido pelo fato de que tudo transcorre em cumprimento da tarefa imposta pelo pai. Do mesmo modo, a correlata possessividade primitiva da mãe é negada de bom grado em uma forma oposta e oculta, a qual, ao contrário, simula a sedução do herói por meio de um substituto concupiscente de mãe (a vergonha do incenso).

O filho satisfaz em terras estrangeiras seus atos de rebeldia e o impulso assassino geralmente contra substitutos, ou com ainda mais frequência contra monstros do reino animal (sacrifício totêmico). Assim, por meio da resolução da tarefa que o pai lhe dera (em busca de sua ruína) ele se transforma: de filho insatisfeito passa a ser um reformador valoroso; aquele que subjuga monstros comedores de gente ou destruidores de terras; um descobridor, fundador de cidades; um representante cultural, como o povo grego, tão culturalmente elevado, demonstra por meio de seus heróis Heracles, Perseu, Teseu, Édipo, Belerofonte, entre outros. Por ordem de algum tirano malvado, todos eles mataram monstros do reino animal, os quais, em razão de seu significado totêmico, podem facilmente ser compreendidos como substituto do pai, pois, pela importância da primeira ação heroica – a vitória sobre o pai pelo salvamento do herói abandonado – o mito insere essa ação logo no início da narrativa. Ao revestir as ações heroicas na forma de superação do pai, o mito denuncia sua origem e seu significado.

Pelo fato de que o herói – ao cumprir as tarefas dadas por seu pai na esperança de sua ruína (ações heroicas) – recebe o posto do pai (tomando

---

274. Vide nota anterior.

inclusive a mulher para si), suas ações se manifestam como um substituto do parricídio. *Assim, conclui-se que o heroico já se encontra inserido na superação do pai*, no qual se originam tanto o abandono do herói, quanto as tarefas que ele deve realizar. Desse modo, não é que o herói teve uma história de nascimento e de juventude milagrosas. Ao contrário, é a história de seu nascimento e juventude que o torna um verdadeiro herói. Historicamente, esse conjunto de fatos poderia ser formulado do seguinte modo: o ato heroico foi vir ao mundo, gerado por um pai severo e ciumento, e conseguir impor-se contra sua sede de poder. O abandono, assim como o posterior e respectivo envio do filho para que cumpra as tarefas heroicas, enquanto temas míticos, já são formas substancialmente atenuadas do primitivo ato de expulsar os filhos, o qual o *pater familias* fazia para se proteger da violência dos filhos sedentos de poder que iam crescendo.[275]

    A história da cultura e dos costumes não deixa a mínima dúvida de que as crueldades no seio da família, narradas nos mitos e contos de fadas, foram um dia real. "O chefe da família possuía o completo poder para decidir, de acordo com sua vontade, sobre a vida e a morte de um desamparado membro da família. Ainda é possível observar tal situação jurídica hoje em dia em diferentes povos primitivos." (Nejmark, I, p. 1). Era o pai quem decidia se o filho recém-nascido deveria ser criado ou abandonado, assim como, mais tarde, a vida da criança estava apenas em suas mãos. É por essa razão que o costume de abandonar as crianças somente desapareceu após o fim da constituição familiar patriarcal, a qual é a predominante entre os povos primitivos (idem, p. 6). Alguns povos primitivos, os quais se encontram em um estágio cultural mais avançado, demonstram alguns exemplos do enfraquecimento da tirania do patriarca. Na maioria das vezes, a primeira limitação do poder paterno é a abjudicação do direito de decidir sobre a vida e a morte dos filhos. A partir de então, esse direito se restringe apenas aos recém-nascidos, e, por fim, esse direito também lhe é subtraído (idem, p. 8). O processo de limitação da violência paterna pode ser observado na história do Direito e do Estado romanos de um modo claro e interessante para a história da cultura: pois, o Estado romano surgiu de acordo com o modelo da família romana, de forma que o Imperador romano tinha o mesmo direito sobre seus súditos que o

---

275. A expulsão mítica dos filhos recebe um grande espaço nas narrativas tradicionais do Velho Testamento, como o vagar sem direção do fratricida Caim, expulso por Deus, assim como demonstra a narrativa de Ismael e Jacó, os quais precisam ir servir no estrangeiro. Pertence igualmente a esse conjunto, a lenda do filho pródigo, da qual é possível encontrar reminiscências em Shakespeare (como o filho de Gloster, Edgar, no *Rei Lear*), em Schiller (*Karl Moor*), assim como em diversas narrativas.

pater familias[276] tinha sobre as *personae in potestate* (idem, p. 15).[277] Desse modo, a revolução contra qualquer espécie de tirania se revela como uma insurreição contra o poder paterno.[278]

O fato de que nos mitos do nascimento essa rebelião infantil contra o pai parece exclusivamente provocada pelo comportamento hostil do pai – como já se indicou – e dá-se em razão da representação tendenciosa da relação conhecida como projeção, originada pelas características singulares da atividade psíquica formadora de mitos. Em razão de sua semelhança com processos singulares no mecanismo de certas perturbações psíquicas, o mecanismo de projeção – o qual também desempenha um papel na inversão do ato de nascimento – assim como certas outras caracterizações da formação do mito (as quais serão discutidas mais tarde) necessitam a caracterização uniforme do mito enquanto uma estrutura paranoica. O mito se associa intimamente ao caráter paranoico principalmente pela propriedade de separar o que na fantasia se encontra fundido. Como vimos no exemplo dos dois pares de pais, esse processo é o que fundamenta a formação dos mitos, tornando-se, ao lado do mecanismo de projeção, uma das chaves para a compreensão de uma série de configurações do mito, as quais seriam incompreensíveis de outro modo. O processo que se inicia com a projeção, a qual serve à tendência de justificação da atitude hostil, tem sua continuidade e encontra diferentes expressões de sua progressão contínua nas formas singulares do mito do herói.

Na forma original e psicológica, o pai é semelhante ao rei, o perseguidor tirânico. O primeiro estágio de atenuação dessa relação é demonstrado pelos mitos nos quais ocorre a tentativa de separar o perseguidor tirânico do verdadeiro pai, embora ainda não se consiga fazê-lo inteiramente. Isso ocorre porque o perseguidor tirânico é ainda um parente do herói, geralmente o avô, como na lenda de Ciro, em suas paralelas e na maioria dos mitos de herói. A separação entre os papéis do pai e do rei significa o primeiro passo em busca da transposição da fantasia de origem para as re-

---

276. *Pater familias*, termo latino para "patriarca", o "pai romano". (N.T.)

277. Expressão latina para "indivíduos em poder (sob o julgo) do patriarca". O poder de um pai romano sobre seus filhos era ilimitado. (N.T.)

278. O costume de diversos povos de "livrar-se dos velhos" surge como uma espécie de vingança contra o poderio ilimitado do pai, seja por meio do assassinato deles como acontece com os esquimós e habitantes da Groelândia, entre os quais, o filho enforca o pai quando ele está muito velho e imprestável; ou por meio do abandono do patriarca, como entre os Chiappavaeren da América do Norte (1, p. 2). Narra-se que entre muitos povos o filho tem a obrigação de matar seu pai quando ele estiver muito velho, o que só pode ser compreendido como uma reminiscência do sacrifício totêmico.

lações reais, e, por isso, é possível encontrar nesses tipos de mitos exemplos de pais de origem simples (ver: Ciro, Gilgamesh, entre outros). Aqui, o herói busca novamente uma aproximação com seus pais, almeja o sentimento de filiação com eles, o qual encontra expressão no fato de que não apenas ele mesmo, mas igualmente seu pai e sua mãe representam objetos de perseguição do tirano. Com isso, o herói adquire uma associação mais íntima com a mãe – frequentemente abandonada junto com ele, como na lenda de Perseu, Télefo, Feridun – com a qual ele já tem uma proximidade por outros motivos. Desse modo, a negação de seu ódio contra o pai assume aqui sua mais intensa expressão,[279] pelo fato de que o herói, como na lenda de Hamlet, não surge como o perseguidor do pai (ou mesmo do avô), mas como o vingador do pai perseguido. Esse fato implica em uma relação mais profunda entre a lenda de Hamlet e a narrativa iraniana de Kaikhosrav, pois nela o herói também aparece como o vingador de seu falecido pai (Cf. Feridun, Kullervo, entre outros).

Nesse sentido, a própria figura do avô, que em algumas lendas é substituída por outros parentes (em Hamlet é Oheim, o tio), tem seu significado profundo. O tema de Édipo combina-se aqui com um segundo correlato complexo, o qual tem por conteúdo a relação erótica entre pai e filha.[280] O pai que não quer entregar sua filha a nenhum pretendente, ou que coloca certas condições difíceis de serem cumpridas para se conseguir a mão dela, na verdade o faz não porque não quer entregá-la a nenhum pretendente, mas porque a deseja para si mesmo. Assim, ele a encerra em algum lugar para que sua virgindade permaneça intocada (Perseu, Gilgamesh, Télefo, Rômulo), e, caso sua ordem seja desrespeitada, ele perseguirá a filha e o rebento dela com um ódio insaciável. Os motivos sexuais inconscientes de sua atitude hostil, a qual será vingada mais tarde pelo neto, demonstram claramente que o herói perseguirá nele aquele que quer roubar o amor de sua mãe, a saber: o pai.[281]

---

279. O mecanismo dessa defesa pode ser encontrado na análise de Freud sobre Hamlet. (*Traumdeutung* [A interpretação dos sonhos], p. 183 e notas).

280. Sobre o tema "avô", ver igualmente a análise de Freud sobre a fobia de um menino de cinco anos de idade (*Jahrb. f. Psa.* [Anuário de Psicanálise], I, 1909, p. 73), assim como os trabalhos de Jones, Abraham e Ferenczi. (*Internat. Zeit. f. ärztl. Psa.* I, *Jahrgang* [Revista Internacional de Psicanálise], ano I, caderno 2, 1913).

281. Pertence a essa classificação além de outro grupo de lendas amplamente difundidas (citadas em nossa obra *Das Inzestmotiv* [O tema do incesto], cap. XI), o tema, que nos chegou em incontáveis versões, sobre um menino recém-nascido do qual é profetizado que ele há de se converter em genro e herdeiro de um certo mandatário ou poderoso, e que finalmente cumpre seu destino apesar de todas as perseguições (abandono etc.) que sofre. É possível encontrar informações detalhadas sobre esse assunto na obra de Köhler *Kl. Schr.* [Pequenos escritos]. II, p. 357; ver

Outra forma de regressão a um tipo de mito mais original consiste na seguinte característica: o retorno ao pai de classe inferior – o qual havia sido possível pela separação do papel do pai daquele do rei – é novamente anulado pela elevação secundária do pai humilde à condição de deus, como em Perseu e em outros filhos de virgens, como Karna, Íon, Rômulo e Jesus. A natureza secundária dessa paternidade divina é especialmente evidente nos mitos, nos quais a virgem, que foi fecundada por algum ser divino, se casa mais tarde com algum mortal (Jesus, Karna, Íon), o qual se apresenta como o verdadeiro pai, enquanto o deus, como pai, representa apenas a ideia mais exaltada e infantil da magnitude, do poder e da perfeição do pai.[282] Ao mesmo tempo, nesses mitos concretiza-se de um modo consequente o tema da virgindade da mãe, o qual fora apenas insinuado em outros mitos. O primeiro impulso nessa direção é dado pela tendência transcendental da introdução necessária de um deus. Ao mesmo tempo, o nascimento a partir da virgem é uma das formas mais rudes de rejeição do pai, a conclusão de todo o mito, como demonstra, por exemplo, a lenda de Sargão, o qual não admite nenhum pai ao lado da mãe vestal.

O último estágio de atenuação progressiva da relação de hostilidade contra o pai é representado por aquela forma de mito no qual a pessoa do perseguidor real não apenas surge inteiramente apartado da figura do pai, mas na qual ele perdeu até mesmo a mais remota relação de parentesco com a família do herói, contra quem ele se opõe como inimigo da forma mais rude (como em Feridun, Abraão, o rei Herodes contra Jesus, entre outros). Embora da tríade original que constituía sua figura – enquanto pai, rei e perseguidor – apenas o papel de rei perseguidor ou tirano tenha permanecido, têm-se a impressão, a partir de toda a estrutura do mito, de que nada se alterou, e que apenas trocou-se a denominação "pai" pela denominação "tirano". Essa interpretação do pai enquanto tirano, a qual é típica da vida ideacional primitiva e das crianças[283] se mostrará mais tarde de grande

---

igualmente: VACLAV, T. *Das Märchen von Schicksalskind* [A lenda da criança destinada]. *Zeit. d. V. f. Volksk.* [Revista de Ensaios sobre Folclore Popular], 1920, p. 22-40.

282. Tal identificação do pai com deus (pai celestial etc.), de acordo com Freud, encontra-se nas fantasias da vida psíquica normal e patológica com a mesma regularidade que a identificação do soberano com o pai. Assim, é importante notar que quase todos os povos deduzem sua origem de seu deus, e que foi a compreensão psicanalítica do totemismo que assegurou com toda clareza as bases para a interpretação do desenvolvimento da primeira ideia de Deus a partir do conceito de pai. Cf. FREUD, S. *Totem und Tabu* [Totem e tabu], 1913.

283. Gostaria de remeter aqui a um exemplo engraçado do humor inconsciente das crianças, o qual recentemente foi divulgado por nossa imprensa. Um político explicava a seu pequeno filho que um tirano era um homem que obrigava os outros a fazer o que ele queria, sem se preocupar com os desejos deles. Então, a criança disse: "então você e a mamãe são também tiranos!".

importância para a interpretação de certas constelações abnormais desse complexo. O protótipo dessa identificação inconsciente do pai com o rei, encontrada frequentemente até mesmo nos sonhos de indivíduos adultos, é a origem da realeza a partir do patriarcado na família, o que ainda pode ser atestado pela utilização de palavras semelhantes para "rei" e "pai" nas línguas indo-germânicas[284] (compare com o "Landesvater" alemão, o pai da terra = rei). O retorno do romance familiar às condições reais consumou-se quase por completo nesse tipo de mito. Os pais de origem humilde são reconhecidos de um modo tão sincero que parece contradizer a tendência inteira do mito.

Mas é exatamente a revelação das verdadeiras condições, que até agora tivemos que deixar a cargo da interpretação, o que nos possibilita verificar sua exatidão no próprio material. Um exemplo que se oferece perfeitamente para esse intuito é a lenda de Moisés. Se resumirmos o resultado do procedimento de interpretação utilizado anteriormente será possível perceber que após desfeito o desdobramento das figuras paternas (do pai e do tirano), o que resta é a identidade de ambos os pares de pais; assim, o que permanece através da imagem dos pais de origem nobre é o eco das efusivas ideias que a criança tinha a princípio sobre seus pais. A lenda de Moisés nos mostra os pais do herói realmente despojados de qualquer atributo nobre; são pessoas simples, que se preocupam carinhosamente com a criança e não pensam de modo algum em fazer-lhe mal. Por outro lado, tanto aqui como em outros lugares, (como em Akki, o jardineiro de Gilgamesh; na figura do condutor de carruagens da lenda de Karna; no pescador da lenda de Perseu etc.), a exteriorização de sentimentos carinhosos em relação à criança constitui uma prova do vínculo consanguíneo dos pais.[285] Assim, a utilização amigável do tema do abandono tem relação com esse tipo de mito: a criança é deixada em um pequeno cesto na água, mas não com a intenção de matá-la (como, por exemplo, no abandono hostil de Édipo, e muitos outros heróis), mas, com a intenção de salvá-la (cf. A história da juventude de Abraão). Do mesmo modo, aquilo que para o pai de classe nobre era um prenúncio de desgraça, para o pai humilde é o prenúncio de uma promessa (cf. o que o oráculo relata a Herodes na história do nascimento de Jesus, assim como

---

284. Cf. MÜLLER, Max. *Essais* [Ensaios]. v. II. Leipzig, 1869, p. 20 ss. Sobre as diferentes variações dessa interpretação, ver meu livro sobre o incesto. Para mais informações científicas sobre esse assunto, ver GERSON, Adolf. *Sprachdenkmale aus deutscher Urzeit* [Monumentos da linguagem da época primitiva alemã]. *Revista de Ciência sexual*, VII, 1920, p. 273.

285. Ver a famosa sentença de Salomão (Reis I:3, 16-28) a qual, por ter em seu núcleo o tema da criança trocada, tem grande proximidade com o romance familiar (ver igualmente a p. 131).

o sonho de José), que corresponde exatamente às esperanças que a maioria dos pais têm em relação à vida futura de seus filhos.

Mas, se mantivermos o ponto de vista da tendência original do romance familiar, isto é, o fato de que Bitiah, a filha do Faraó, retirou a criança da água – o que significa dar à luz – o resultado será o conhecido esquema do rei (o avô da criança) cuja filha deve dar à luz um menino. Advertido por meio da interpretação funesta de um sonho, o rei resolve então mandar matar seu futuro neto. A serva de sua filha (que na narrativa bíblica é quem retira a criança das águas) é designada pelo rei para abandonar a criança nas águas do Nilo, para que ele pereça (o tema do abandono da criança de pais nobres surge aqui em seu significado pernicioso original). O cesto com a criança é então encontrado por pais de origem humilde, e a mulher pobre cria o menino como sua ama de leite. Quando cresce, ele será finalmente reconhecido pela princesa (o que se ajusta inteiramente ao esquema original do mito, o qual tem sua conclusão no reconhecimento do menino por pais de origem nobre). Se a lenda de Moisés nos fosse dada nessa forma mais original, a qual reconstruímos a partir do material existente,[286] o resultado da interpretação equivaleria aproximadamente ao que é narrado pelo mito: a mãe biológica do menino não é nenhuma princesa, mas uma mulher pobre, que foi inserida no mito como a ama de leite, cujo marido na verdade é o pai do menino. Essa interpretação é expressa pelo mito reconvertido como a tradição, de modo que a mutação progressiva, à qual procuramos nos aproximar nesse estudo, fornece um tipo de mito muito conhecido, que se torna uma prova inesperada de nossa interpretação.

Embora a história de Moisés pareça reduzir o romance familiar à realidade prosaica, por outro lado, ela é realmente fantástica como exemplo ideal de um tema de contos de fadas: a salvação do herói, cujo significado original e o desenvolvimento posterior buscaremos explicar, ou ao menos traçar algumas linhas adiante.

A lenda de Moisés, a qual também difere em muitos aspectos do esquema típico, é a única entre todas as narrativas míticas que nos foram transmitidas, na qual o abandono acontece apenas aparentemente, pois a irmã do

---

286. Cf. MEYER. *Bericht der Kgl. Preuss. Akad. d. Wiss.* [Relatos da Academia de Ciência da Prússia], *Die Mosessage und die Leviten* [A lenda de Moisés e dos Levitas]. XXXI, 1905, p. 640: "Moisés também deve ter sido a criança de uma filha de pais tiranos (agora ela é sua mãe adotiva), e deve ter presumivelmente uma origem divina. A ordem para matá-lo foi transferida, no Velho Testamento, a todos os meninos recém-nascidos dos israelitas. A filha do rei que o salva e o cria como seu próprio filho assume ao mesmo tempo o papel da divindade salvadora que normalmente surge separada dela em outros mitos. A morte do tirano também não pode faltar nesse mito; nesse caso ela é transferida para seu sucessor, o qual perece nas ondas do mar bravio".

herói observa das margens o que ocorre com a criança (na verdade, ela está cuidando da criança), e busca sua mãe biológica, que é igualmente sua ama de leite. Outras tradições análogas também são encontradas em algumas tribos africanas (de acordo com Frazer, Antigo Testamento, III, 168), nas quais, após o parto, a criança é imediatamente carregada pela mãe para um local situado fora da tribo e cercado pela mata. Ali, uma velha senhora, com a qual o pai já havia combinado, pega a criança e a leva para casa, onde o pai então a busca, trocando-a por uma cabra (em algumas tribos pode também ser por dinheiro). A velha senhora será mais tarde chamada de mãe pela criança, sendo reconhecida como uma espécie de *Patin* (madrinha). Se a criança for um menino será chamado de *Owiti*, se for uma menina se chamará *Awiti*, o que significa algo como "a criança que foi abandonada". Essa cerimônia, a qual é realizada quando algum irmão da criança recém-nascida morreu em tenra idade, serve para enganar os maus espíritos, mostrando que a família que eles visitaram fingindo afeição não teve nenhum recém-nascido, mas a velha senhora. A proteção contra os demônios surge com nitidez no costume correspondente dos *Dyaks* de Borneo, a qual recorda inteiramente a história de Moisés: eles colocam a criança recém-nascida em um pequeno barco, deixando-o descer correnteza abaixo, enquanto eles, na margem do rio, chamam todos os espíritos maus para que levem a criança consigo, de modo a evitar que os pais sofram a perda da criança mais tarde. Após ter sido carregada pela correnteza por algum tempo, a criança é retirada sã e salva da água, e levada para casa pelos pais, os quais sentem-se felizes e satisfeitos porque a criança poderá crescer incólume (cap. 1, p. 173). Na região central de Celebes é encenada toda uma comédia do abandono da criança (cap. 1, p. 175). A encenação da salvação da criança perante os demônios da morte torna-se grotesca quando ela assume a forma de uma apresentação direta a esses espíritos maus, como, por exemplo, entre os povos *Nandi* do Leste da África, onde o recém-nascido, cujos irmãos morreram ainda pequenos, são colocados por alguns minutos junto a um grupo de hienas na esperança de que, em razão da presa, as feras irão lutar contra os demônios da morte, fazendo com que a criança seja poupada. Se a criança permanecer viva será chamada de "hiena", com o que se busca enganar os demônios, fazendo-os acreditar que a criança recém-nascida é uma fera e deixando-a em paz (reminiscência totêmica da proteção por meio da "hiena" totêmica).

Como nas narrativas míticas, aqui fica claro que as cerimônias de proteção representam, em seus motivos mais profundos, a eliminação da criança, o que ocorre – assim como na atenuação sentimental do conto de fadas – na forma do medo e da preocupação excessivos em relação à vida da criança.[287] Esse medo exagerado nada mais é do que o desejo de morte recalcado, como ensina a psicanálise, que também não reconhece os demônios como fato consumado – como o faz Frazer, o qual fornece apenas uma explicação etnológica do costume – mas os considera como projeções exteriores desses desejos recalcados. O fato de que o desejo de morte contra a criança recém-nascida – quando é um menino vem exclusivamente por parte do pai – encontra-se no peito do primitivo (mas não apenas no primitivo) é demonstrado pelo costume de inúmeros povos em diferentes parte do mundo, os quais realmente matam seus primogênitos recém-nascidos.[288] Na maior parte dos casos, o motivo desse abandono está relacionado ao medo supersticioso de que o nascimento do primogênito ameaçará a vida do pai. Essa superstição se fundamenta na crença na reencarnação da alma, a qual se encontra expressa de um modo mais bem acabado entre os hindus, mas surge igualmente entre os selvagens. Assim, os hindus acreditam que a pessoa renascerá em seu filho, de modo que o nascimento do primogênito ameaça diretamente a vida do pai, o que nos faz compreender porque razão nos mitos o pai é sempre advertido por um oráculo (ou sonho) de que encontrará a morte por meio de seu filho. Ao buscar a morte imediata do filho, o pai tenta escapar desse destino. Assim como no mito, esse fato ocorre com frequência entre os filhos de chefes tribais e reis. O abandono surge então como uma atenuação dessa regra, já que existe sempre a possibilidade de salvação, evitando a morte da criança; observado de um modo prático, o abandono da criança teria mais efeito sem o cesto protetor. O simulacro de abandono deve ser compreendido apenas como manifestação de uma reação e recalque. O costume de sacrificar o primogênito existiu entre os mais diversos povos (ver também FRAZER, cap. I, p. 562), especialmente entre os povos semitas, e recebe um papel muito especial na lenda de Moisés, principalmente pelo fato de que Moisés não é apenas a vítima de uma perseguição geral, mas é também punido com o flagelo da morte do primogênito.

O sentido original e pernicioso do abandono é indicado igualmente pelo fato de que a tentativa de enganar os demônios no costume dos primitivos frequentemente espelha a morte já ocorrida da criança (pretensamente ameaçada). Assim, na Sibéria (FRAZER, cap. III, p. 177) uma imagem da criança (uma espécie de boneco) é sepultada em uma cerimônia festiva, para que a imagem seja deixada aos demônios, enquanto a criança verda-

---

287. Isso tem sua justificação talvez no fato de que o costume do abandono necessita de um contrapeso atenuador para a encenação, enquanto o mito narra apenas algo de épocas primitivas que já ocorreu, mas sempre de forma motivada.
288. Cf. FRAZER, James Georg. *The Folklore in the Old Testament* [O folclore no Antigo Testamento]. I, p. 562; *The Dying God* [O deus evanescente], p. 166.

deira permanece oculta. Nos mitos, o mesmo tema da burla é o que salva o jovem herói de perecer, pois ele é salvo da morte por pais de criação, os quais enterram festivamente em seu lugar uma criança já morta (na maioria dos casos um natimorto), como no caso de Ciro.[289]

No lugar do sepultamento (real ou pretenso) da criança surgem também alguns casos onde ocorrem ferimentos leves, como suposta forma de preservar a criança dos demônios, o que nos demonstra a clara intenção de lesionar. O modo como esses ferimentos são feitos indica provavelmente – de acordo com nosso conhecimento psicanalítico – que, na história primordial, eles correspondem a uma espécie de atenuação e de castração, substituindo a morte do filho. São eventos como o cortar de um dedo, um lóbulo da orelha etc. O costume de perfurar a orelha de crianças cujos irmãos mais velhos morreram é tão difundido que Frazer dedica a ele um capítulo volumoso (III) de sua citada obra. O costume do pai de furar a orelha da criança antes do abandono tem um paralelo visível: a tradição da narrativa de Édipo, de acordo com a qual o menino abandonado tem os pés perfurados, o que lhe explica inclusive o seu nome. Ainda mais clara é a concordância dessa tradição com os costumes dos Anamitas,[290] entre os quais o recém-nascido é vendido para o ferreiro do vilarejo, o qual então fabrica um pequeno anel de ferro e o coloca no pé da criança, prendendo-o a uma corrente de ferro.[291]

Na Europa, o costume do (suposto) abandono da criança recém-nascida está relacionado à sua adoção por estrangeiros, assim ocorre na Macedônia, Bulgária, Rússia, Escócia e Albânia, onde a criança é abandonada em uma encruzilhada, recebendo o nome do primeiro que encontrá-la (FRAZER, cap. III, p. 250). Entre alguns povos primitivos a adoção é concretizada por meio da cerimônia de um renascimento (Idem, cap. II, p. 27-37).

Uma rejeição ainda mais intensa dos impulsos hostis contra o recém-nascido é exteriorizada entre os povos primitivos que abrem mão do abandono (mesmo o simbólico) da criança, deixando-a viver apenas entre os pais adotivos, o que corresponde inteiramente ao sentido do romance familiar neurótico. Isso ocorre, por exemplo, entre as Ilhas do Leste da Índia, onde as crianças cujos irmãos mais velhos são entregues aos cuidados de parentes ou amigos, e apenas mais tarde (com cinco anos) é que retornam ao lar paterno (FRAZER, cap. II, p. 174).

O romance familiar é encontrado nos costumes de certos povos primitivos, ainda que de uma forma atenuada, como na maioria das tribos hindus (especialmente em Bombai) nas quais a criança é entregue por

---

289. Entre os *Baganda*, a parteira estrangula o filho primogênito do rei e afirma que foi um natimorto. Cf. o que descrevemos sobre os gêmeos.
290. Povo nômade da região das Montanhas Anamitas, na Indochina. (N.T.)
291. Nas lendas medievais, correntes e pulseiras, assim como outros amuletos servem como forma de reconhecer a criança encontrada (e para evitar o incesto).

uma soma ínfima a uma mulher de condição humilde, de quem ela é mais tarde recomprada por uma quantia bem maior de dinheiro. Nos estratos sociais médios e baixos, as crianças recebem inclusive o nome da casta da mulher à qual elas foram vendidas simbolicamente (às vezes apenas o recebimento do nome já é suficiente, sem a compra fictícia) (FRAZER, cap. I, p. 179 ss.). Nesses costumes surge o lado social do romance familiar de uma forma acentuada (como no caso das castas), embora essa acentuação possa ser encontrada em outros costumes.

Fica ainda mais claro na lenda de Moisés, assim como em suas paralelas etnográficas e folclóricas, a partir do ponto de vista assumido em nossa pesquisa, que é enganoso e superficial uma visão meramente paralelística, fundamentada apenas no tema do abandono. Pois, nossa investigação demonstra exatamente a pouca importância que tem o tema do abandono (o qual pode ter as mais variadas versões), e como, ao contrário, sua utilização em determinadas circunstâncias e de um modo especial pode indicar certas tendências. Do mesmo modo, concluímos que seria impossível empregar os costumes – mesmo aqueles de povos totalmente primitivos – para explicar temas míticos, pois eles – assim como os próprios costumes – já pressupõem processos mentais de alta complexidade, os quais necessitam de interpretação psicológica para que possam ser compreendidos.

A tendência à universalização, aparentemente inerente à lenda de Moisés, nos coloca na posição de buscar, a partir dela, a compreensão psicológica de outros grupos de mitos extremamente importantes.[292]

O tema do abandono, que na lenda de Moisés é transformado em tema da salvação, surge em uma configuração macrocósmica monumental na narrativa bíblica do dilúvio. Por detrás dessa tendência religiosa e da coloração ética que essa narrativa recebe, mais tarde é possível reconhecer facilmente o mito do nascimento de um modo transformado e universalizado.[293] Na lenda do dilúvio toda a humanidade se transforma em herói,

---

[292] GRESZMANN, Hugo (*Mose und s. Zeit* [Moisés e seu tempo]. Göttingen, 1913, p. 3), afirma que a lenda do abandono se encontra em uma posição de contradição irreconciliável em face das outras lendas do texto, devendo pertencer a uma origem mais antiga; já Ed. Meyer (*Die Israeliten* [Os israelitas], p. 48), o qual investigou essa contradição, afirma que talvez aquilo que originalmente era narrado sobre a infância de Moisés foi transferido a todas as crianças e até mesmo a todo o povo, dando assim o motivo para a fuga do Egito. O tema da travessia do Mar Vermelho, o qual, por sua vez, está relacionado à lenda do dilúvio é igualmente uma projeção maravilhosa de alguns heróis individuais ao corpo de todo o povo, embora o mito pareça fazer parte de um evento real, de um movimento em massa de um povo.

[293] Sobre o tema do grande dilúvio, ver: Jeremias, op. cit., p. 226. Do mesmo modo, Leszmann teoriza no final de seu ensaio sobre a lenda de Ciro na Europa, sobre o dilúvio como uma

por meio de seu melhor representante; o pai irado surge como representação do pai divino, com a diferença de que a salvação do filho bravo e querido de Deus torna-se o ponto central de toda a narrativa.

É possível interpretar o esquema da lenda do dilúvio como uma adequação da lenda do abandono, como ela pode ser encontrada em tradições babilônicas e bíblicas, e, de acordo com Frazer (cap. I, p. 140), fazer a seguinte formulação: Deus resolve destruir toda a humanidade por meio de um enorme dilúvio. O segredo é revelado anteriormente a um homem (em sonho) por um deus (oráculo), o qual o avisa que deve fazer um grande barco para que possa se salvar. Ele segue a profecia e adentra ao barco no começo do dilúvio, veda o barco com piche contra as águas, assim se salvando da destruição geral. De modo a comprovar o fim do dilúvio, ele envia pássaros (os mesmos animais solícitos que salvam, os quais também são encontrados como companheiros de viagem da arca na narrativa bíblica). Finalmente, o barco ancora no topo de uma montanha, e o herói salvo sacrifica uma vítima a Deus. Assim como faz o pai no mito do herói, na lenda do dilúvio, Deus (o pai celestial) abandona o herói na água, mas para salvá-lo e fazer perecer todo o resto da humanidade. Além disso, nesse caso o herói já é um indivíduo adulto, e ao invés de narrar seu nascimento, a lenda narra o nascimento (na verdade o renascimento) de toda a humanidade por meio do herói;[294] via de regra, após algum tipo de relação incestuosa ocorre

---

possível paralela ao desenvolvimento do abandono na água – como exemplos de transição característica citamos neste trabalho a lenda do dilúvio, narrada por Bader em suas *badischen Volkssagen*, as "Lendas populares badianas": "Quando um dia o Vale de Sunken foi inundado pelas águas de uma chuva torrencial, um menino pequeno boiava em um berço, o qual foi salvo maravilhosamente por um gato"; do mesmo modo, em Grimm (*Myth.* [Mitologia], II, p. 821) surge a lenda do dilúvio, na qual um menino é salvo no topo de uma árvore, onde seu berço se pendurara de uma forma maravilhosa. Nesse sentido, é muito significante que a arca lacrada com piche, na qual Noé flutua sobre as águas, é descrita no Antigo Testamento com a mesma palavra (*tebah*) que o recipiente em que Moisés fora abandonado (Jeremias, op. cit., 1906, p. 250). De um modo igualmente interessante, na tradição dos índios mexicanos (os Huichol) um homem é advertido pelos deuses para que faça uma caixa do tamanho de seu corpo, que a torne impermeável à água, para que com ela se salve junto com sua cabra (FRAZER, cap. I).

294. Variações tardias dos povos judeus sobre essa narrativa também reduzem ainda mais essa diferença ao narrar que, antes do dilúvio, a humanidade havia realizado artes mágicas, de modo que as crianças não permaneciam nove meses na barriga da mãe, mas apenas alguns dias (tema do abandono), e que podiam andar e falar logo após o nascimento (como adultos). Cf. GINZBERG. *Jüd. Legenden* [Lendas judaicas]. Deucalião também boiou nove dias e noites em uma caixa sobre as águas. Do mesmo modo, os Pima (FRAZER, cap. I, p. 284) narram que "o irmão mais velho", o qual salvou-se na "casa negra", cria então um jovem maravilhoso, o qual tem uma criança com a primeira mulher apenas três ou quatro meses mais tarde; até

uma série de dilúvios, fortalecendo os laços de filiação dos povos naturais, os quais foram investigados por Frazer[295].

No contexto de nossa interpretação[296] – o tema do dilúvio é investigado aqui apenas com esse propósito – torna-se claro que estamos diante de uma imagem do desejo do filho, ou seja, com uma representação conciliadora do mito do herói,[297] embora na narrativa bíblica pareça indicar igualmente a união entre Noé e o pai celestial (o arco-íris). Enquanto no mito do herói o pai é advertido em sonho sobre o perigoso filho, aqui é o bravo filho quem se deixa advertir pelo pai – dos planos de destruição do próprio pai – por meio de um pacto (o sacrifício do animal após a salvação), no qual podemos observar uma imagem da situação fundamental das sociedades totêmicas (preservação do par de animais, dos pais totêmicos em face da preservação do filho). Por meio desse procedimento, o filho esperto consegue escapar da concorrência importuna do irmão, o qual perece no dilúvio, ao mesmo tempo em que possibilita para si mesmo a relação incestuosa proibida, em razão da qual ocorre normalmente o abandono, e que tem como consequência a criação de uma nova geração que toma o lugar do pai primordial. Essa revolução, que ocorre sem derramamento de sangue, é alcançada por meio de uma adaptação da lenda originária do nascimento, a qual é transformada em mito do renascimento, que, por sua vez, tem como fundamentos os mesmos elementos da pequena caixa (ou cesto) e da água.

Uma evidência indireta dessa profunda relação psicológica nos é fornecida por um grupo mítico aparentado, o qual, por suas características exteriores, é relacionado pelos mitólogos à lenda do dilúvio. Trata-se dos mitos de "ser tragado", que qualquer investigador imparcial deve considerar como representação do nascimento. Essa prova seria facilmente dedutível a partir do material coletado no primeiro capítulo de Frobenius. Mas, para nosso propósito será suficiente a indicação do conteúdo esquemático e a interpretação dessas tradições, as quais são revestidas na maior parte dos casos em lendas de baleias, cujo típico representante é a lenda de Jo-

---

que recebe no dia de seu casamento outra criança, dessa vez da última mulher. Esses fatos maravilhosos são a causa do dilúvio (como na narrativa judaica).

295. FRAZER, cap. I, p. 195.

296. A relação psicológica entre o mito do abandono, a lenda do dilúvio e o mito do engolir (Jonas) foi interpretada em meu trabalho sobre a "estrutura simbólica do sonho acordado e seu retorno no pensamento mítico" (*Jahrb. f. Psa.* [Anuário de Psicanálise]. IV, 1912). Ver também: *Psychoanalytische Beiträge zur Mythenforschung* [Contribuições psicanalíticas para a pesquisa sobre mitos]. 1919, cap. VII.

297. O autor faz uso de um interessante jogo de palavras entre filho [*Sohn*] e conciliador [*versöhnenden*]. (N.T.)

nas.²⁹⁸ O herói é engolido por um peixe monstruoso quando criança ou já adulto (às vezes junto com sua mãe, seu irmão etc.), exatamente como na narrativa bíblica da lenda de Jonas, nadando por um tempo dentro da barriga do peixe no oceano. Para aplacar sua fome, o herói começa então a cortar pedaços do coração do peixe, acendendo uma fogueira em sua barriga, o que faz com que o peixe o regurgite em terra, ou consegue escapar através de uma cisão na barriga do animal. Frobenius considerava essas inúmeras e variadas tradições – especialmente levando-se em consideração o fato de que os cabelos do herói caem (como raios de luz que caem ao entardecer) em razão do grande calor dentro da barriga do peixe – como símbolos do renascimento. A origem celestial do mito foi indicada por Wundt (capítulo 1, p. 244), autor que enfatiza igualmente o conteúdo humano dessas concepções e sua relação com as lendas sobre arcas e o dilúvio. Em razão de nosso conhecimento sobre a simbologia do sonho e das teorias sexuais infantis, quase não se pode duvidar do significado do mito do engolido como uma interpretação infantil da gravidez (a permanência na barriga da mãe) e dos processos do parto;²⁹⁹ algumas tradições simbolizam os procedimentos do parto com tal clareza de detalhes, além disso, em grande parte dos casos há o papel de uma grávida na narrativa. A permanência "na barriga" e a alimentação na barriga da mãe não poderiam ser melhor ilustradas, de modo que apenas a completa cegueira em face de tudo o que se relaciona com o sexual seria capaz de negar o significado desse mito. O peixe, aparentemente hostil, mas que se torna o salvador, transforma-se na lenda do dilúvio no barco (curiosamente, "peixe", *Fisch* em alemão, é o reverso de "barco" *Schiff*)³⁰⁰ e no mito do abandono é o cesto protetor ou pequena caixa, simbolizando, em toda parte e do mesmo modo, o colo protetor da mãe.³⁰¹

---

298. Sobre a relação mitológica, ver: SCHMIDT, Hans. *Jona. Eine Untersuchung z. Rel. Gesch* [Jonas, uma investigação sobre História da Religião], 1907.

299. Pertencem a esse grupo: a gravidez por meio do "engolir", o nascimento pelo corte da barriga (Chapeuzinho Vermelho), por meio do regurgitar (Cronos) e mesmo na forma de excrementos. Cf. FROBENIUS, p. 90, 92 e 125. Ver também nosso ensaio: *Psychoanalytische Beiträge zur Mythenforschung*. [Contribuições psicanalíticas para a pesquisa sobre mitos]. Biblioteca Internacional de Psicologia, 1919. v. IV. Cap. VI: Paralelas da Psicologia Popular sobre as teorias sexuais infantis.

300. De um modo muito interessante, na lenda hindu do dilúvio é um peixe quem leva a Arca de Manus até a montanha salvadora.

301. Uma menina de quatro anos, com problemas de nascença, narrou a Jung o seguinte sonho: "Essa noite eu sonhei com a arca de Noé, e nela havia muitos animais bem pequenos, lá havia também um telhado, o qual então caiu e todos os animais então escaparam". (*Jahrb. F. Psychoanalyse* [Anuário de Psicanálise], II, 1910, p. 46). Ver também as interessantes fantasias de um enfermo com demência precoce as quais foram analisadas por S. Spielrein. (*Jahrb. F. Psychoanalyse* [Anuário de Psicanálise], III, p. 46), como, por exemplo a relação "perigo no barco" = aborto etc.

É claro que o mito do engolido não simboliza apenas o processo do nascimento. A salvação que ocorre na barriga do peixe expressa a mesma tendência de proteção maternal (contra o pai) encontrada no mito do herói. Além disso, na narrativa do herói que é engolido surge o complemento do mito do herói no fato de ser alimentado pelo animal (dentro da barriga da mãe[302]). A diversidade de formas míticas explica-se pelo fato de que ora se enfatiza o tema do perigo na água (tema do dilúvio), ora o tema do animal protetor (a lenda do engolido), ora se enfatiza o recipiente (as "lendas sobre arcas", de acordo com Wundt). Contrastando diretamente com o conteúdo manifesto do mito do herói, todas essas variações têm como base a salvação do herói, a qual, como tema fabuloso em si, apenas encontra sua expressão mais completa nas lendas.[303]

Algumas lendas são especialmente características desse desenvolvimento do mito do herói. Entre esses encontra-se a lenda neogrega *Schönen Jusif* [O belo Jusif],[304] o qual, como criança abandonada, assassina o pai adotivo e o filho dele por zombar de sua condição de filho ilegítimo, vivendo nas montanhas como um temido ladrão. Finalmente, ele é capturado nos braços de uma jovem e lançado ao mar, onde é engolido por um tubarão, que havia engolido uma princesa com a qual ele então se casará. Os dois vivem um ano dentro da barriga do peixe, que adoece e os regurgita nas margens de um rio. Os habitantes então o poupam porque ele havia salvo a vida da princesa e encontram sua mãe (sequestrada por uma criatura monstruosa), que o havia concebido nas montanhas e desaparecera desde então.

---

302. De acordo com Hommel, a barriga da mãe enquanto animal é uma ideia amplamente difundida. (OLZ. 1919, n. 3-4, p. 67-8.). Anaximandro comparava, por exemplo, de acordo com uma antiga simbologia microcósmica, o ventre da mãe com o tubarão. A tartaruga também será simbolizada como a mãe parturiente, assim como surge ainda nos dias de hoje em Bayer [Sul da Alemanha. N.T.] como tema da fertilidade.

303. O tema da salvação é um dos requisitos preferidos dos contos de fada com final feliz (Wundt), como em *Teufel mit den drei goldenen Haaren* [Os três cabelos de ouro do diabo]. (Grimm, n. 29), assim como a narrativa muito semelhante da *Sage von Kaiser Heinrich III* [Lenda do Imperador Henrique III], em Grimm. *Deutsche Sage* [As lendas alemãs] (II, p. 177). Do mesmo modo, as narrativas de Wasserpeter [Os dois irmãos] e suas inúmeras variações (Grimm III, p. 103); *Fundevogel* [O pássaro encontrado], n. 51; *De drei Vügelkens* [Os três passarinhos], n. 96; *Der König vom goldenen Berg* [O rei da montanha de ouro], n. 92, com todas as suas paralelas, assim como um conto de fadas estrangeiro, o qual Bauer inseriu no final de seu trabalho. Ver também: HAHN. *Griech. und alban. Märchen* [Contos de fadas gregos e albanos]. Leipzig, 1864, onde é possível encontrar um panorama sobre as lendas de abandono e outros contos sobre o mesmo tema, especialmente nos números 20, 69, mas também os 4, 8, 27, 42.

304. Ver: PRYM; SOCIN. *Syrische Sagen und Märchen* [Lendas e contos sírios]. Göttingen, 1887, p. 80.

Encontramos também o conto de fadas romeno de Florianu,[305] cuja mãe é lançada grávida ao mar em um tonel por seu pai. "A criança cresceu de uma forma tão vertiginosa em meio às ondas, que, ao se mover e esticar os braços, destruiu o tonel como se fosse de papel. Então, ela colocou a mãe sobre um pedaço de madeira do tonel, puxando com uma mão enquanto nadava em direção à terra." De um modo semelhante ocorre na lenda alemã: "O criado e a princesa",[306] ou na lenda turca narrada por Türk,[307] na qual a esposa de um sultão da à luz um menino na barriga do peixe que a havia engolido. O tema do inocente que é abandonado em uma caixa surge também nas narrativas das *Mil e uma noites*, na história de Ghanim e Kut Al-kulub, e de um modo semelhante em *Die Fahrten des Sajjid Batthal* [A viagem de Sajjid Batthal].[308] A lenda grega do abandono de Tennes, do modo como Pausânias narra (X, 14, 1 a 4) contém uma série de temas graves, como a madrasta má, a falsa acusação, do mesmo modo como surgiu na Idade Média em toda uma série de sagas, lendas e novelas que se contrapõem. Como tema principal podemos citar a história de Crescentia[309] com suas inúmeras variantes.

O tema do engolido nos é conhecido a partir de lendas como a de "Chapeuzinho Vermelho", "O lobo e os sete cabritinhos", entre outras. Todas essas narrativas estão fundamentadas no mito de Cronos, o qual engoliu seus filhos recém-nascidos, embora ao fazer Cronos engolir uma pedra no lugar do caçula (o ato de enganar a criatura monstruosa), a mãe dessa criança (Zeus) a salva da morte, transformando o filho naquele que destruirá o pai.

Após havermos demonstrado com sucesso a exatidão de nossa interpretação a partir do próprio material, de modo a estender nossos resultados a outros problemas mitológicos, passaremos então a justificar a consistência de nosso ponto de vista geral, no qual toda a nossa interpretação está baseada. Até aqui, os resultados de nossa investigação criaram a aparência de que todo o processo de formação do mito principia no próprio herói, ou seja, no herói enquanto jovem. Desde o início, consideramos como análogos o herói do mito e o "ego" da criança. Agora, devemos harmonizar essas

---

305. SCHOTT, Albert. *Walachische Märchen* [Contos de fadas walachianos]. Stuttgart, 1845, n. 27, p. 265.
306. KNOOP, Otto. *Volkssagen. Erz. usw. aus d. östl. Hinterpommern* [Lendas populares e narrativas da Pomerânia oriental]. Posen, 1885, p. 230. A Pomerânia é uma região no norte da Alemanha, situada na costa do Mar Báltico, abrangendo terras alemãs e polonesas. (N.T.)
307. KUNOS, Türk. *Volksmärchen aus Stambul* [Lendas populares de Istambul]. Leyden, 1905, p. 3.
308. Traduzido por H. Ethé, Leipzig, 1871, v. II, p. 159.
309. HAGEN, Friedrich Heinrich von der. *Gesamtabenteuer* [Aventuras completas]. v. 1, 1850.

hipóteses e resultados com outras interpretações da formação do mito as quais parecem contradizê-las diretamente.

Os mitos não surgem a partir do próprio herói, e muito menos do herói enquanto criança, mas, como acreditamos, formam-se a partir dos adultos de um povo. O que dá ensejo para a criação do mito é certamente a admiração em face da aparição do herói, cuja história de vida extraordinária o povo apenas consegue compreender como iniciada com uma infância milagrosa. Essa infância extraordinária do herói é construída pelos criadores individuais de mitos, de cuja consciência da infância devemos deduzir o conceito indeterminado de espírito do povo. Ao atribuir ao herói a história de sua própria infância, eles se identificam com ele, afirmando: "Eu também fui um herói". Desse modo, o verdadeiro herói do romance é o ego, o qual se reencontra na figura do herói ao retornar ao tempo no qual ele mesmo foi um herói, por meio de seu primeiro ato heroico: a revolta contra o pai. O ego mediano apenas consegue encontrar o próprio heroísmo em sua infância, por isso necessita deslocar sua revolta para o herói, atribuindo-lhe o heroísmo que na verdade fora seu. Ele concretiza esse objetivo com temas e materiais infantis, lançando mão de seu romance infantil e inserindo nele seu herói. Desse modo, o adulto cria os mitos por meio do retorno à fantasia da infância,[310] atribuindo ao herói sua própria história da infância. Por outro lado, o ego burguês encontra a realização de seus próprios desejos e anseios infantis no herói popular que surge a partir do povo. Na vitória revolucionária do herói contra os poderes tirânicos que se impõem contra ele encontra-se não apenas algo das tendências infantis, mas, como já demonstramos, a representação de uma parte da história primordial de tempos primitivos. Enquanto no mito, de certo modo, o herói usurpa a ação original de liquidar o tirano perturbador – que nos tempos primitivos parecia ter sido uma ação conjunta dos irmãos (a "mentira heróica" de Freud)[311] – mais tarde, é o ego mediano quem faz sua antiga reivindicação por meio do ato original formador da cultura. O mito do herói serve então apenas aparentemente para o reconhecimento e a admiração do herói mítico elevado. Na

---

310. Essa concepção, deduzida das investigações sobre a fantasia neurótica e dos sintomas de neurose, foi descrita primeiramente por Freud para a explicação da atividade da fantasia mítica e poética em sua preleção *Der Dichter und das Phantasieren* [O poeta e o fantasiar], (Sammlung Kl. Schr. [Coleção pequenos escritos], p. 197). Eu busquei a utilização desse ponto de vista para a compreensão das formas épicas – seguindo a indicação de Freud – no ensaio Die dichterische Phantasietätigkeit. [A criatividade poética]. *Imago*, V, p. 372, escrito que foi pensado como um trecho introdutório a uma psicologia da poesia épica popular.
311. Ver: FREUD, S. *Massenpsychologie und Ich Analyse* [Psicologia das massas e análise do ego]. 1921, p. 124-8.

verdade, através dele todo o povo pertencente aos criadores de mitos pode se sentir um herói (o herói nacional). No mito do herói, cada um dos integrantes do povo, ou seja, todo filho individual pode reivindicar para si o ato original. Mas, a partir desse ponto de vista é igualmente possível reconhecer um traço irônico-paródico no mito do herói, no qual o filho burguês mediano (filho do pescador, do moleiro, do pastor) desenvolve a fantasia de que seu pai é um rei poderoso, criando desse modo um falso antepassado – identificado com o herói – o qual irá destronar para se colocar em seu papel, o que tem um efeito ridículo porque ele não vive em condições heróicas. Esse traço irônico surge de um modo especialmente claro quando é acentuado pelo tema, o que, na verdade, é permitido pela identificação do ego mediano com o herói. Isso ocorre em razão das características humanas que aderem ao herói, as quais seus admiradores adoram apontar. Uma das características mais humana nos heróis é o nascimento, o qual, exatamente por essa razão, o mito costuma representar de um modo sobrenatural.[312] O nascimento também é representado no mito como algo puramente animal (a amamentação por meio de um animal). Nos tempos primordiais, o mero ato de vir a este mundo já era um ato heroico, pois a vida do recém-nascido precisava ser protegida contra a tirania e a crueldade do pai primordial, de modo semelhante como ele estava protegido de seus ataques no ventre da mãe.[313] Por essa razão, no mito a proteção se dá por meio de um símbolo do ventre materno (caixinha, cestinho, água); nesse sentido, o abandono também representa um retorno para o lugar protegido do ventre da mãe, o que é expresso pelo fato de que em alguns mitos, a mãe e o filho são abandonados juntos. Por outro lado, o abandono tornou-se uma forma real de atenuação do assassinato da criança em uma fase mais desenvolvida da humanidade, tendo o significado de um oráculo do destino. Quando, apesar de tudo, a criança conseguia se salvar, ela adquiria o direito de viver, ela então era um herói. É como se os antepassados não quisessem facilitar a sobrevivência de seus filhos, pois eles mesmos, quando crianças, tiveram de lutar contra todos os desfavores da natureza e a inveja do tirânico pai. Os remanescentes da história primordial do homem, os quais foram conservados com um frescor maravilhoso nos mitos quando se compreende como decifrá-los, tornam muito provável o fato de que o pai primordial não abria mão facilmente de seus privilégios – conseguidos por meio de árduas lutas

---

312. Basta apenas pensar nos inúmeros heróis que foram cortados de dentro da barriga da mãe, os quais "nenhuma mulher deu à luz" (Sigur, Vikramaditija, Macduff).

313. Ver a interpretação de Freud sobre o medo fisiológico no ato do nascimento como imagem de todos os medos que ocorrerão na vida.

– sobre a alimentação e as mulheres, e demonstram que após a insinuação da alegria por parte da mulher que dava à luz um filho seu, seja provável que ele gradativamente se acostumou a poupar a vida e a reconhecer a nova geração. Foi desse modo que o laço íntimo natural entre mãe e filho estreitou-se ainda mais, enquanto o sentimento de pertença do pai, que desde o início era duvidoso, tornou-se ainda mais distanciado, como é possível reconhecer no mito, na figura de um pai tirano e desconhecido, e de uma mãe representada pelo animal solícito que amamenta a criança. É assim que se deve compreender o sentido irônico de que tratamos, ou seja, o fato de que para o ego mediano a superação do pai já se dá no próprio nascimento, o qual permanece como o ato heroico para o indivíduo mediano; ato que ele concretiza contra a vontade do pai e com o auxílio da mãe, intimamente ligada a ele, a qual surge no mito como o animal totêmico protetor, enquanto o pai desempenha o papel um pouco atenuado da fera pré-totêmica.

É digno de nota e lança uma luz sobre a tenacidade da estranha experiência psíquica do filho – que já nasceu em condições culturais – o fato de que apesar de não precisar ter medo algum da violência por parte do pai, é como se conservasse em seus membros o medo primitivo, e estivesse sempre de prontidão para atirar ao pai a antiga acusação primordial, tão logo tenha algum pretexto para descontentar-se com ele. As fantasias da puberdade de neuróticos revelam de um modo muito claro a interpretação psicanalítica desse medo perante o pai originário, assim como os mitos devem ter sido motivados pela insurreição primordial do filho contra a antiga culpa do pai, por um lado para ter a sua justificação, e, por outro lado, para se colocar no papel do herói. A tendência da criação de mitos é a justificação do homem individual do povo por sua insurreição infantil contra o pai. Desse modo, na justificação do herói em face de sua insurreição revolucionária, o mito contém a justificação de cada indivíduo contra o pai, o qual o oprimiu desde a infância para que ele não se tornasse mais tarde um herói. Os problemas corporais de alguns heróis (Zal, Édipo, Hefesto) também pertencem a esse caso, servindo provavelmente como justificativa para o indivíduo que precisava ouvir do pai as censuras em relação a eventuais erros e fraquezas, os quais exercem uma grande pressão sobre sua autoestima, fazendo com que ele inserisse-os nos mitos, dotando o herói dessas características. Agora ele pode se justificar, afirmando que o pai lhe dera motivos para a hostilidade. Mas, como vimos, nessas narrativas míticas também se manifesta o sentimento de ternura em relação ao pai.

Esses mitos surgiram por dois motivos opostos, os quais subordinam-se ao tema da justificação do indivíduo por meio do herói: por um lado, o tema da ternura e gratidão em relação aos pais, e, por outro lado, o tema da insurreição contra o pai. Todavia, nesses mitos não é expresso de um modo claro o fato de que o conflito com o pai tem origem em uma rivalidade sexual pela mãe. Na verdade, nesse círculo de mitos, a mãe, em razão da qual o conflito tem sua origem, surge desde o início de um modo intimamente ligado ao filho rebelde, como aquela que o protege (ao dá-los à luz). O nascimento surge como o ponto central desse mitos, como um dos maiores e mais perigosos mistérios para o homem primitivo – assim como continua sendo para nossas crianças – cuja interpretação simbólica por meio da primitiva fábula da cegonha levou a uma sobrevalorização unilateral do papel maternal, enquanto o papel duvidoso do pai foi tendenciosamente negligenciado ou até mesmo negado por completo. Contra sua vontade, as crianças aparecem em pequenas caixas na água, onde foram abandonadas pelo pai: é o que o mito afirma, em roupagem simbólica, querendo com isso negar ao pai o direito sobre a vida da criança que veio da mãe e será por ela protegida. É possível que nesses mitos haja o reflexo direto de um estágio de compreensão sexual no qual ainda não se havia reconhecido inteiramente o papel do pai, o qual era visto tão somente como uma ameaça perturbadora à independência do indivíduo, e como concorrente. De qualquer modo, o mito nega ao pai o direito de vida e morte sobre a criança que foi gerada pela mãe; ao mesmo tempo, justifica a insurreição contra o pai, como a um estranho ao qual não se deve nenhum respeito ou gratidão. Assim, o herói deixa sua consciência livre para a luta contra a autoridade!

Falta-nos indicar, de um modo breve, algumas complicações do mito do nascimento do herói, o qual foi delimitado agora por seu conteúdo latente, e tratar de alguns problemas inerentes à sua configuração estreita e em combinação com outros mitos ou temas individuais e desconhecidos.

Certas complicações relacionadas ao próprio mito do nascimento foram esclarecidas, com base em seu caráter paranoico, como desdobramentos da personalidade do pai real e perseguidor. Em alguns mitos, especialmente nas lendas que pertencem ao mito do nascimento, as quais deixamos de lado exatamente em razão dessas complicações, a multiplicidade de personalidades míticas, de temas e narrativas inteiras, possuem tal amplitude que os traços originais são inteiramente cobertos por essas formas paralelas. A diversidade desenvolve-se de um modo tão amplo e rico que não se pode fazer justiça a ela com o mecanismo de análise. As novas personagens também não contribuem muito para a autonomia em si, como aquela que foi conquistada pelo desdobramento; ao contrário, elas têm mais o caráter de uma cópia, um decalque; elas são, utilizando um termo mitológico descrito anteriormente, *duplas*[314]. Buscamos demonstrar neste trabalho, por meio de um exemplo aparentemente muito complexo, a versão de Heródoto da lenda de Ciro, que esses duplos não são inseridos apenas por mera afeição ao adorno, ou para se alcançar a aparência de uma fidelidade histórica, mas que eles estão intimamente associados à criação dos mitos e de suas tendências. Na lenda de Ciro, assim como em outros mitos, o avô real, Astiages, contrapõe-se a sua filha e ao marido dela, assim como ao pastor e à sua esposa. Ao mesmo tempo, ocorre com toda uma série colorida de personagens, os quais à primeira vista parecem se agrupar sem embaraço: entre o casal real e seu filho (Ciro) e o casal de pastores e seu filho encontra-se o ministro Harpago com sua esposa e seu filho, assim como o nobre Artembare com seu filho legítimo. Nosso olhar, atento para as singularidades da formação dos mitos, reconhece sem dificuldade que ambos os casais intermediários representam duplos dos verdadeiros pais, assim como todas as personagens que tomam parte na narrativa são as mesmas pessoas dos pais e de seu filho, uma interpretação que o próprio mito favorece pela alusão aos traços individuais. Harpago recebe o filho por parte do rei para abandoná-lo; trata-se de um personagem idêntico ao pai real, o qual também se mantém fiel a seu papel paternal fictício – em razão de ser parente da criança – recusando-se ele mesmo a matá-la, e delegando essa função ao pastor Mitradates, o qual será identificado novamente com Harpago. Mas, mesmo o nobre Artembare, cujo filho Ciro ordena que açoitem,[315] será identificado com Artembare: do mesmo modo que Artembare precisa se apresentar perante o rei com seu filho espancado, um pouco mais tarde Harpago deve igualmente se apresentar ao rei e se responsabilizar, e também ele precisa trazer seu filho em presença do rei. Assim, Artembare também toma o papel episódico da figura do pai do herói, fato que é comprovado pela versão ctesiana por meio da indicação *de que o nobre homem, o qual tomou Ciro, o filho do pastor, como seu próprio filho, chamava-se Artembare*. Mais clara ainda que a identidade entre os diferentes pais é a de seus filhos, por meio da qual naturalmente, a identidade dos pais será novamente confirmada. Antes de tudo, e isso é muito comprovador, *os meninos têm a mesma idade*. Não apenas o filho da princesa e do pastor nascem na mesma época, mas Heródoto frisa ainda que Ciro brincava com meninos da mesma idade no "jogo real", e mandou espancar o filho de Artembare.

---

314. *Doubletten*, no original em alemão. (N.T.)
315. O filho do pastor não queria obedecer ao "rei" Ciro na brincadeira das crianças, razão pela qual o menino Ciro ordena que lhe açoitem. (N.T.)

Do mesmo modo, ele enfatiza – quase que propositalmente – que também o filho de Harpago, o qual deveria ser um parceiro de brincadeiras do menino reconhecido pelo rei, tinha "aproximadamente" a idade de Ciro. Além disso, os restos mortais desse menino são servidos em um cesto a seu pai Harpago; é em um cesto que os recém-nascidos são abandonados, como ocorreu com seu representante, o filho do pastor, cuja identidade, de acordo com o relato de Justins (p. 34) é a mesma de Ciro. Nessa versão, Ciro é até mesmo trocado pelo filho do pastor ainda vivo; mas, o sentimento paterno de paradoxo cessa pela consciência de que, com essa troca, na verdade nada mudou. É mais compreensível, naturalmente, que a mulher do pastor prefira criar o filho do rei do que *o próprio filho morto;* nesse caso, a identidade dos meninos também se torna clara, pois, assim como antes o filho do pastor morre em lugar de Ciro, do mesmo modo – doze anos mais tarde – o filho de Harpago (também em um cesto!) morre diretamente por Ciro, o qual Harpago anteriormente deixara viver.[316] A impressão que se tem é a de que, após cumprirem o objetivo que lhes coube, todas as multiplicações de Ciro são novamente eliminadas. Esse objetivo é aparentemente a tendência à exaltação inerente ao romance familiar. Pois, assim, por meio das diversas duplicações de si mesmo e de seus pais, o herói ascende na escala social desde o pastor Mitradates, passando pelo nobre Artembare – o qual é muito estimado pelo rei – e pelo ministro aparentado do rei, Harpago, até acabar como príncipe; uma carreira que encontramos claramente exposta na versão ctesiana, na qual Ciro avança desde filho do pastor até ministro.[317] Desse modo, a cada nova etapa de sua escala social ele descarta o Ciro de condição humilde.[318]

---

316. Aqui é possível encontrar uma relação com o tema dos gêmeos, no qual reconhecemos os dois meninos nascidos na mesma época, um dos quais morre em nome do outro logo em seguida ou um pouco mais tarde, e cujos pais surgem em nossos mitos divididos em dois ou mais casais.

317. A história da juventude de Sigurd, como é narrada nas *Sagas de Völsung* (cf. Raszmann, I, 90) tem grande semelhança com a versão ctesiana da lenda de Ciro, de modo que nos apresenta além da vida maravilhosa do herói, seu reordenamento racional. É possível encontrar mais informações sobre esse assunto em BAUER, loc. cit., p. 554. A história do José bíblico (*Gênesis*, 37 ss.), com o abandono, o sacrifício de animais, os sonhos e os irmãos esquemáticos e a carreira fabulosa do herói parecem pertencer mais a um mesmo tipo de lendas. De acordo com Wundt (cap. 1, p. 417) ela foi narrada quase do mesmo modo em uma lenda egípcia. Cf. ERMAN, A. *Ägypten* [Egito], p. 505 ss. Ver também: MASPERO. *Contes de l' Égypte ancienne* [Contos do Antigo Egito], p. 6. Do mesmo modo, há uma narrativa hindu, a qual deve ter origem em uma tradição de lendas muito difundida.

318. Aqui parece necessário destacar o núcleo histórico de alguns mitos de heróis de modo a evitar mal entendidos. Como demonstram os inscritos descobertos, Ciro descendia de uma antiga e hereditária casa real (cf. Duncker, p. 289; Bauer, p. 498). Assim como a finalidade do mito não deveria ser apenas elevar a origem humilde de Ciro, nossa interpretação não deve ser

O que vemos é que esse mito complexo, constituído por um rico aparato de personagens, simplifica-se, reduzindo-se a três personagens: o herói e seus pais. O mesmo se dá em relação à constituição dos personagens em muitos outros mitos. Às vezes, a duplicação ocorre com a filha, como no caso da lenda de Moisés, na qual a princesa-mãe, a fim de reestabelecer a identidade de ambas as famílias, surge em meio aos pobres como filha (Miriam), o que nada mais é do que a divisão da mãe na princesa e na mulher pobre.[319] Quando a duplicação atinge o pai – de modo a se diferenciar dos personagens desconhecidos criados – os duplos normalmente surgem entre os parentes, em especial enquanto irmãos, como, por exemplo, na lenda de Hamlet. De um modo semelhante, o avô, o qual passa a ocupar o lugar do pai, pode aparecer representado pelo duplo do irmão, o qual, enquanto tio-avô do herói, desempenha o papel de adversário, como em Rômulo, Perseu, entre muitos outros. É fácil descobrir outras duplicações em grupos de lendas aparentemente complexos (por exemplo, em Kaikhosrav, Feridun etc.) quando se enfoca os mitos a partir desse ponto de vista.

A duplicação dos pais ou dos avôs, respectivamente, por meio de um irmão, quando prossegue na próxima geração, atinge o próprio herói e pertence aos mitos dos irmãos, cuja profunda relação com nosso tema já foi indicada. Os duplos do menino, que após cumprir seu papel na lenda de Ciro – ou seja, a elevação do nível social do herói – desapareceram por completo, apenas precisavam ter uma vida autônoma para transformarem-se em con-

---

compreendida como uma tentativa de provar uma origem humilde Ciro. O mesmo ocorre em relação a Sargão, cujo pai real também nos é conhecido (cf. Jeremias, p. 410). Apesar disso, um historiador (UNGNAD. *Die Anfänge der Staatenbildung in Babylonien* [As Origens da Formação do Estado na Babilônia]. Deutsche Rundschau, 1905) afirmou: "Ao que parece, ele não era de origem nobre, pois de outro modo não se teria construído tal lenda em torno de seu nascimento e de sua juventude". O etnólogo Frazer também acredita que as inscrições sobre Sargão são uma prova de seu nascimento ilegítimo. Seria um grande mal entendido compreender nossa interpretação como um argumento nesse sentido. A contradição aparente que se poderia imputar nossa visão sob outro enfoque interpretativo é apenas a prova de sua correção, pela compreensão de que não é o herói, mas o homem mediano quem cria o mito, buscando justificar suas próprias fantasias e desejos infantis. A negação do pai e a descendência dele tornaram-se claros para nós a partir do núcleo central do romance familiar. Apenas assim se pode compreender a transferência, em sucessivas gerações, de temas fantásticos e traços míticos a personalidades históricas. (Sobre Cesar, Augusto, entre outros, ver: USENER. *Rhein Mus.* [Museu de Rein]. 1868, LV, p. 271).

319. Essa identificação das famílias surge de um modo extremamente detalhado em certos mitos, como, por exemplo, na lenda de Édipo, no qual um casal real corresponde a outro, e inclusive o pastor responsável pelo abandono do menino tem seu reflexo exato no pastor que salva o menino.

correntes com os mesmos direitos de seu irmão. O contexto original talvez seja melhor compreendido quando se interpreta os duplos desconhecidos como irmãos obscuros, os quais, como irmãos gêmeos, precisavam morrer pelo herói. Assim como o pai que se encontra no caminho do desenvolvimento do filho é colocado de lado pela inocente concretização das fantasias infantis, a concorrência perturbadora do irmão é simplesmente eliminada, porque o herói não quer ter família alguma.

Devemos contemplar na figura da ama de leite uma espécie de desentranhamento da mãe, a qual desempenha um importante papel em alguns mitos de heróis. Ao que parece, além do tema primitivo do animal, há nesse contexto uma degradação tendenciosa da mãe biológica (animal), enquanto o papel da genitora, de classe superior, permanece intocado. A divisão entre o papel da genitora e da nutriz, que aparentemente a mãe biológica busca suprimir pela sua substituição por um animal (uma ama de leite estranha), em última instância – quando fazemos o caminho reverso da divisão – pode não ser nada mais que uma prova de gratidão: a mulher que me amamentou é minha mãe; uma afirmação que encontramos de um modo diretamente emblemático na lenda de Moisés, cujo caráter regressivo conhecemos. Ali, a mulher que é transformada em sua ama de leite é exatamente sua mãe (de um modo semelhante ao que ocorre com Heracles e no mito egípcio-fenício de Osíris-Adonis, segundo o qual Osíris é trancado em um tonel, no qual desce a correnteza até a Fenícia, onde Íris finalmente o encontra sob o nome de Adonis, servindo à rainha Astarte como ama do próprio filho).[320]

O animal é muito apropriado para substituir a "mãe-ama-de-leite", porque deixa claro à criança todos os procedimentos sexuais, pois, a raiz do problema da insurreição da criança contra os pais talvez se encontre na ocultação desses procedimentos. Assim como o abandono nas caixinhas e na água assexualiza – as crianças são apanhadas pela cegonha na água e levadas em cestinhos para os pais[321] – as fábulas de animais retificam essa

---

320. Usener (*Stoff d. griech. Epos* [Matéria da épica grega]): "Devemos, sem dúvida, ver Thero não como uma ama de leite, mas como a mãe de Ares. O conflito entre versões mais antigas e recentes de lendas comuns dos gregos sobre a mãe de uma divindade pode ser harmonizado por meio da fórmula que define a figura da mãe nas lendas comuns dos gregos, e a ama de leite nos casos de transmissão de tradições locais. Desse modo, enquanto mãe de Helena, Leda se assemelha com as lendas áticas e as narrativas épicas de Nemesis, pois Leda encontra o ovo de Nemesis e cria Helena, nascida do ovo, como mãe adotiva. Tione é ainda para Píndaro a mãe de Dionísio (*Pyth.* 3, 99), mas de modo a preservar o direito de Semele, ela se chama em Panyasis a 'ama de leite de Dionísio'."

321. A cegonha como animal que traz a criança é um tema conhecido mitologicamente, e Siecke (*Liebesgesch. d. Himmels* [História de amor celestial], p. 26) indica que em alguns lugares e

ideia por meio da indicação da semelhança entre o nascimento humano e animal. A partir desse ponto de vista seria possível compreender a introdução desse tema de um modo paródico, no qual, fingindo ignorância, a criança aceita a narrativa da cegonha que os pais lhe contam, e acrescenta de um modo refletido: "Se a cegonha pudesse me trazer, ela também poderia me amamentar" (tema do "colocar-se como estúpido").[322] Aqui não é possível provar a suposição de que o animal deve parte de sua sobrevalorização totêmica ao fato de que ele frequentemente revela os procedimentos sexuais, enquanto os pais têm o intuito de ocultá-los. Ao menos, todas as experiências de nossa história do desenvolvimento individual parecem chamar a atenção para esse contexto, o qual é sugerido especialmente pela interpretação analítica das fobias de animais.[323] Assim, talvez ao lado da interpretação hostil da figura do pai-animal totêmico, também haveria o direito a uma ânsia por ternura, o qual deseja abordar o papel complexo do pai de um modo semelhante e franco ao da tarefa primitiva e "impossível de ocultar" o animal materno.[324]

---

países é o cisne quem desempenha esse papel. A redenção e outras formas de proteção do herói por meio de uma ave não são raras. Cf. Gilgamesh, Zal e Kyknos, o qual é lançado ao mar por sua mãe e alimentado por um cisne, enquanto seu filho Tennes boia em uma caixa. Sobre o significado psicológico da fábula da cegonha, ver FREUD, S. *Über infantile Sexualtheorien* [Sobre as teorias sexuais infantis]. Sammlg. Kl. Schriften [Coleção breves escritos], II, p. 159 ss.). Devemos chamar a atenção aqui para outro significado da fábula da cegonha, na qual o romance familiar está contido *in nuce* [de uma forma concisa]. Quando a cegonha traz as crianças, na verdade elas não pertencem aos pais (à família); essa circunstância serve tanto para as fantasias de origem, quanto para acabar com a concorrência perturbadora entre os irmãos, cuja aparição ou não aparição (o desaparecimento e o surgimento em uma outra casa) serve apropriadamente para o arbítrio do homem. Sobre esse assunto, ver: as fantasias de origem de Irma, a paciente de Binswanger (*Jahrbuch* [Anuário], I, p. 294), a qual se recorda de haver dito: "quando tinha apenas três ou quatro anos, que seguramente teria sido muito pesada para a cegonha, e por essa razão a ave a deixara na casa de sua mãe e não no palácio avizinhado. Na verdade, ela era uma princesa". Desse modo, a fábula da cegonha permite ao romance familiar um desdobramento diversificado e a persistência das crianças nessa tradição abandonada – desprezada pelos adultos como "fábulas de pobres" – se fundamenta sobretudo no fato de que permite à criança degradar o papel dos pais como meras pessoas que acolhem a criança, sem que tenham nenhum direito sobre ela.

322. "Sich Dummstelen", em alemão no original. (N.T.)

323. Ver FREUD, S. *Analyse der Phobie eines fünfjährigen Knaben* [Análise de uma fobia em um menino de cinco anos]. Jahrbuch f. Psychoanalyt. u. Psychopath [Anuário de Psicanálise e de Pesquisas Psicanalíticas e Psicopatológicas]. Forschungen. v. I, 1909, p. 3, 4 e 52.

324. Em alguns mitos, isso é denominado de um modo "traiçoeiro" [*verräterisch*]: a mãe ocultou a criança (aproximadamente três meses), até que não foi mais possível.

Não poderíamos considerar completa a investigação sobre o significado psicológico do mito do nascimento do herói se não levássemos em consideração suas relações com certas doenças mentais, as quais também saltariam à vista de leitores não acostumados ao conhecimento psiquiátrico. Nossos mitos de heróis correspondem, em muitos traços essenciais, com as alucinações de certos indivíduos doentes mentais, os quais sofrem as manias de perseguição e de grandeza (*Gröszenwahn*), os chamados paranoicos. Em seu núcleo, o sistema alucinatório de tais indivíduos é muitas vezes estruturado como nosso mito – ainda que seja inacessível mesmo aos esforços psicanalíticos – deixando-se compreender, em função da mesma motivação psíquica, que o romance familiar neurótico, é passível de análise. Desse modo, os paranoicos afirmam algo como: "As pessoas, cujo nome ele porta, não são na verdade seus pais; ele é o filho de uma personagem principesca, e teve de ser abandonado por algum motivo misterioso, sendo entregue a seus *pais* para que cuidassem dele. Seus inimigos, empenhados em mantê-lo em condição humilde, consideram tudo isso uma ficção, para coibir assim suas legítimas aspirações à coroa e a enormes riquezas".[325]

Nós já estabelecemos essa relação íntima entre o mito do herói e as alucinações do paranoico quando caracterizamos o mito enquanto estrutura paranoica, cujo conteúdo pode ser confirmado nas alucinações de origem. O fato notável de que os paranoicos muitas vezes narram o romance familiar por inteiro não pode mais ser considerado enigmático, já que as profundas investigações de Freud nos mostraram que o conteúdo das fantasias histéricas – as quais podem tornar-se conscientes por meio da análise – correspondem, até nos pequenos detalhes, com as queixas de indivíduos paranoicos com delírio persecutório. As investigações de Freud também nos mostraram que essa identidade entre o conteúdo das fantasias histéricas dos paranoicos e o mito também se apresenta como satisfação perversa de seus desejos.[326] O paranoico revela claramente o caráter egótico de todo

---

325. ABRAHAM, op. cit., p. 40. Riklin reporta uma alucinação semelhante em uma criança adotada. Ver: RIKLIN, Franz. *Wunscherfüllung und Symbolik im Märchen* [A concretização dos desejos e o simbolismo nos contos de fadas]. Zurique, 1908, p. 74. Eu mesmo tive a oportunidade de estudar analiticamente as alucinações de uma jovem mãe, cuja criança fora trocada, e que acreditava que isso tinha ocorrido em razão de seu próprio romance familiar – o qual ela deslocava para a próxima geração (a identificação com a mãe). Infelizmente, a análise foi interrompida pela guerra. A troca de crianças, que surge aqui de um modo real, aparece no mito do herói como tema típico (ver, por exemplo, Ciro, entre outros.). Ver também a indicação sobre o "Julgamento de Salomão".

326. FREUD, S. *Drei Abhandlungen zur Sexualtheorie* [Três ensaios sobre a Teoria da Sexualidade]. Viena e Leipzig, 1905, p. 24. Ver também: *Psychopathologie des Alltagslebens* [Psicopatologia

o sistema. Para ele, a elevação dos pais, do modo como ele propõe, é meramente um meio para sua própria elevação. Em geral, o núcleo de todo o seu sistema é apenas o resultado do romance familiar e do enunciado apodítico: eu sou o rei (ou Deus). Com isso – utilizando o simbolismo do sonho e do mito, que também é o simbolismo de qualquer outro indivíduo, até mesmo da atividade da fantasia "doente" – ele se coloca no lugar do pai, do mesmo modo que o herói na conclusão de sua revolta contra o pai. Em ambos os casos, isso só pode ser feito porque o conflito com o pai – o qual, de acordo com o conteúdo do mito tem origem no ocultamento dos processos sexuais – torna-se ilusório no momento em que o menino amadurece e se torna ele mesmo pai. A insistência com que o paranoico se coloca no lugar do pai, ou seja, como se transforma ele mesmo no pai, parece ser uma ilustração da resposta frequente dos meninos pequenos em face de uma negativa ou repreensão de sua curiosidade, com as palavras: "Espere apenas até que eu mesmo seja pai, então saberei de tudo isso".[327] O paranoico é de certo modo um indivíduo no qual a separação do pai e a justificação no produto de massas do mito não foi bem sucedida, e que também fracassou na tentativa de encontrar uma solução individual para essa tarefa.

O mentiroso patológico se diferencia do paranoico, cuja fantasia alucinatória substitui a realidade pela visão – ao menos parcial – daquilo que ele quer colocar no lugar da realidade. O mentiroso é capaz de narrar o romance familiar com pretensão de fidedignidade, e quando encontra quem acredite em sua narrativa, a sociedade tratará o caso como vigarice, sem refletir sobre o fato de que a mentira fantasiosa é parente próxima da loucura.[328] Tais casos ocupam com frequência os alienistas e os tribunais.

Devemos mencionar brevemente aqui o caso de uma tal senhora Hervay, porque Alfred Freiherr von Berger[329] fez algumas considerações muito sutis, as quais, em parte, aproximam-se de nossa interpretação do mito do herói.[330] Assim, Berger escreveu: "Estou convencido de que, com toda seriedade, ela acredita ser uma dama da alta aristocracia russa. Talvez esse desejo já se revelava em sua tenra juventude, ou seja, a vontade de pertencer por nascimento a um ambiente mais elevado e esplêndido

---

da vida cotidiana]. Berlim, 1907, 2 v., p. 115; ver igualmente: *Hysterische Phantasien und ihre Beziehung zur Bisexualität* [Fantasias histéricas e sua relação com a bissexualidade].

327. Ver também: FREUD, S. *Jahrb. F. Psa.* [Anuário de Psicanálise]. 1911, III, p. 9 ss.
328. Helene Deutsche investigou certas condições de seu surgimento: *Über die pathologische Lüge* [Sobre a mentira patológica]. *Intern. Zeitschr. f. Psa.* [Revista Internacional de Psicanálise].
329. *Feuilleton der Neuen Frei Presse* [Folhetim da Nova Imprensa Livre]. n. 14.441, 6 nov. 1904.
330. BERGER, Alfred Freiherr von (1853-1912), dramaturgo, escritor e diretor de teatro austríaco. (N.T.)

do que aquele no qual ela se encontrava... Assim, a partir do desejo de ser uma princesa, nasceu a alucinação de que ela não era a filha de seus pais, mas a criança de uma dama da alta sociedade, a qual, buscando ocultar do mundo o fruto de seu desacerto, deixou-a crescer como a filha de um ilusionista... Uma vez envolvida nessa fantasia, ela interpretava cada palavra dura que a deixava doente, cada manifestação acidental que tivesse um duplo sentido, e, sobretudo, a aversão que sentia em ser filha desse casal como a confirmação de sua alucinação romanesca. Assim, retomar sua condição social tornou-se a tarefa de sua vida. Sua biografia expõe os trágicos resultados da insistência nessa ideia.".[331]

Um passo adiante na trajetória associal do paranoico, o qual busca atenuar o conflito entre a realidade e a dissimulação, é a transformação do mentiroso, que passa de vigarista a golpista social, ou seja, o verdadeiro associal. Assim como na expressão do conteúdo idêntico de suas fantasias, o histérico as recalca, enquanto o perverso as concretiza, do mesmo modo, o paranoico passivo e doente – o qual precisa de sua loucura para corrigir a realidade que se torna insuportável para ele – é contraposto pelo criminoso ativo, o qual tenta manipular a realidade de acordo com sua mente. Esse último caso é representado pelo anarquista.[332] Como sua separação dos pais demonstra, o próprio herói principia sua carreira fazendo oposição contra a geração anterior:[333] ele é rebelde e renovador ao mesmo tempo; ele é revolucionário. Mas, todo revolucionário é originalmente um filho desobediente, um rebelde contra o pai.[334] Mas, enquanto o paranoico sofre perseguições e

---

331. O tipo feminino do romance familiar, como nos foi mostrado, nesse caso, a partir de um lado associal, também foi transmitido de uma forma individual no mito do herói. Desse modo, narra-se sobre a última rainha Semiramis (em Diodoro, II, 4), que sua mãe, a deusa Derketto, por vergonha a abandonou em uma região de penhascos, onde ela foi alimentada por pombos e encontrada por pastores, os quais a entregaram para ser a capataz dos rebanhos do rei Simmas, o qual a criou como sua filha. Ele a chamou de Semiramis, o que, na língua síria significa "pomba". Sua trajetória, até a soberania conquistada graças a sua energia masculina é conhecida historicamente. Outras lendas de abandono são narradas por Atalante, Cibele e Aérope. (Ver Roscher).

332. É conhecido o fato de que não há poucos neuróticos entre os anarquistas, assim como estes podem transformar-se facilmente em marginais (perigosos em geral). Ver especialmente Penta: *Parricida paranoico*, Giorn. per i médici periti [Jornal de peritos médicos], 1897.

333. Sobre esse assunto, ver a indicação de Freud na conclusão da interpretação de "Um sonho revolucionário". *Traumdeutung* [Interpretação de sonhos]. 2. ed., p. 153.

334. Isso fica patente nos mitos de deuses gregos, nos quais o filho (Cronos, Zeus), precisa primeiro eliminar o pai antes de iniciar seu reinado. O modo de eliminação, como, por exemplo por meio da castração, é a mais forte expressão dessa revolta contra o pai, ao mesmo tempo em que atesta sua origem sexual. Sobre o caráter de vingança dessa castração, assim como o significado infantil de todo o complexo, ver: FREUD, S. *Über infantile Sexualtheorien* e *Analyse der Phobie eines fünfjährigen Knaben* ["Sobre as teorias sexuais infantis" e "Análise de uma fobia

ameaças em decorrência de seu caráter passivo, as quais, em última instância, são feitas por seu pai, e das quais ele busca fugir ao se colocar no lugar do pai ou do rei, o anarquista permanece fiel ao caráter heroico, pois, assim como o herói, ele logo se torna aquele que perseguirá e matará o rei.

O romance familiar nos fornece um acesso direto para compreensão do mecanismo psicológico dessa atitude, assim como pude demonstrar por meio de alguns exemplos conhecidos.[335] Quer sejam crianças abandonadas ou filhos adotados, (ilegítimos), os indivíduos que mais tarde se tornarão anarquistas ou autores de atentados realmente viveram o começo do romance familiar, de modo que, a partir dessas experiências, precisam concretizar o romance familiar, como, por exemplo, o anarquista Luccheni[336] entre outros. E ainda que o romance familiar tenha influenciado suas vidas de um modo fatal, como em Charlotte Corday,[337] a qual tentou ocultar o fato de que seu pai era um nobre empobrecido por meio da fantasia de que descendia de um bravo e heroico rei escocês[338]. Em cada um desses casos podemos perceber como a relação com os pais foi decididamente perturbada na infância,[339] a saber, de um modo muito semelhante como os neuróticos fantasiam, e como o mito faz supor que tenha sido o tempo primitivo. O autor do atentado acredita vingar-se dos líderes em nome da sociedade, enquanto na verdade ele se vinga do próprio pai, o qual foi colocado em uma posição mais elevada, fato que a sociedade reconhece por meio do

---

em um menino de cinco anos"]. Há também um trabalho atual sobre o tema: FEDERN, Paul. *Die vaterlose Gesellschaft. Zur Psychologie der Revolution* [A sociedade sem pai. Sobre a Psicologia da Revolução]. Viena, 1920.

335. De Familientoman in der Psycologie des Attentäters [O romance familiar na psicologia do autor de atentados]. *Revista Internacional de Psicanálise*, I, 1913.

336. LUCHENNI, Luigi (1873-1910), anarquista italiano que assassinou em Genebra a Imperatriz Elisabeth da Baviera. (N.T.)

337. Marie-Anne Charlotte Corday d'Armont (1768-1793) tornou-se famosa por assassinar um dos mais importantes defensores do Reino do Terror, Jean-Paul Marat (1743-1793), instaurado na França pelos jacobinos após a Revolução Francesa. (N.T.)

338. Seu biógrafo Henri d'Almeras interpretou – em razão desses traços – seu ato como consequência de uma disposição histérica. Ver também a descrição de sua juventude solitária em Michelet (*Die Frauen der Revolution* [As mulheres da Revolução]. Langen, München).

339. Ver o seguinte comentário de Eduard Bernstein sobre o famoso anarquista Most: "O que lhe faltava era o que dá sustentação para o mundo interior do indivíduo, uma ausência, a qual talvez possa ser compreendida no fato de haver perdido a mãe quando ele era muito jovem e ser odiado pela mãe adotiva, ao mesmo tempo em que odiava o fato do pai ser comediante. Mesmo que seja embaraçoso tirar considerações a partir de acontecimentos pessoais, não posso deixar de expressar o sentimento de que muitas vezes na vida encontrei personalidades as quais confessaram que em sua juventude não tiveram a menor relação espiritual com seus pais". (Aus einem Artikel. [De um artigo]: "Einige Erinnerungen an August Bebel" [Algumas recordações sobre August Bebel]. *Jornal de Frankfurt*, 21 ago. 1913.

julgamento do caso. Mas, assim como comemora-se a ação do herói sem se preocupar com sua motivação psíquica, então se poderia também aceitar que o anarquista pedisse perdão de penas mais duras,[340] em razão de haver matado uma pessoa totalmente diferente do que aquela que ele em verdade queria matar, mesmo que seu ato tenha tido uma motivação política.[341]

Deixemos esse papel heroico que foi distorcido para o âmbito patológico da ação do autor de atentados, e voltemo-nos para uma ramificação estranha do romance familiar, na qual o herói parece vingar seu pai contra um inimigo comum. Como já foi indicado, trata-se nesse caso apenas de mais uma forma deslocada de vingança contra o pai; sua contrapartida individual pode ser encontrada frequentemente nas fantasias da puberdade, as quais buscam salvar uma personalidade (o rei) em perigo de vida, o que pode ser interpretado como uma espécie de salvação do pai. Freud demonstrou que essas fantasias dos anos de puberdade representam a contrapartida da salvação terna realizada pela mãe (contra a violência do pai), e que são uma espécie de presente que se quer dar ao pai, a quem não se deve mais nada, uma forma de compensar o presente da vida por meio de outro presente com o mesmo valor.[342] Assim como o próprio romance familiar mítico, a fantasia de salvação da negação do pai também foi transferida para a mãe.[343] Mas, essa fantasia demonstra uma forte tendência de reconciliação com o pai. A origem dessa vontade de reconciliação pode estar na identificação progressiva com o pai e no medo da vingança. O filho adulto quer de certo modo reconciliar-se com a própria paternidade, para que ele também seja poupado por seu filho. Assim, ele salva a vida do pai como forma de agradecimento pela própria vida, a qual na época em que foi abandonado (geração) foi na verdade salvo (nascimento) pelo pai.[344]

---

340. Ver a diferença entre Tell e o parricida, na obra de Schiller *Wilhelm Tell*, a qual eu abordei em outro contexto (cf. *Inzestmotiv* [O tema do incesto], p. 111 ss.).

341. Compare-se o engano de Tatjana Leontiew e sua sutil interpretação psicológica por WITTELS. *Die sexuelle Not. Weibliche Attentäter* [A miséria sexual. Autoras de atentados]. Viena e Leipzig, 1909.

342. Sobre um tipo especial da escolha de objetos entre os homens, ver: *Jahrbuch* [Anuário]. II, 1910, p. 389.

343. RANK. Belege zur Rettungsphantasie [Documentos sobre a fantasia de salvação]. *Folha de Psicanálise*, 1911, p. 335. Sobre esse assunto, ver igualmente ABRAHAM. Vaterrettung und Vatermord in der neurotischen Phantasiegebilden [A salvação e o assassinato do pai na estrutura da fantasia neurótica], *Revista Internacional de Psicanálise*.

344. Quão próximos encontram-se a "salvação" e o "vir ao mundo" no inconsciente é demonstrado em um caso que me foi mostrado por S. Ferenczi, no qual aquele que salvou a vida foi elevado à condição de pai: um paciente que começou a sentir impotência sexual mais tarde, quando tinha 8 anos caiu na água e foi salvo por um pobre pescador. Há muitos anos ele sofria do medo

A fantasia de salvação representa, em última instância, a conclusão reconciliadora do romance familiar, no qual o filho, como forma de revanche por sua história de infância, coloca o pai em grande perigo de vida (abandono), para que possa então salvá-lo dessa circunstância. Talvez esteja expresso nesse ato um avanço cultural da nova geração em relação à antiga, a qual demonstra o quão generoso se deve ser nessa situação. O filho concretiza na imaginação o mesmo que havia fantasiado em sua vida em face do pai. Assim, ele age com o pai da mesma forma que o pai age com ele, isto é, identifica-se com ele, colocando-se em condições de superar inteiramente o complexo em relação ao pai e ao romance familiar.

Mas, dessa vez pararemos por aqui, na estreita zona fronteiriça onde se aproximam a fantasia imaginativa infantil e inocente, as fantasias neuróticas e reprimidas no inconsciente, a criação poética dos mitos, e certas formas de doenças mentais e criminais, como tentamos demonstrar anteriormente; dessa maneira, resistiremos à sedução de adentrar um dos muitos caminhos que se ramificam a partir daqui, os quais apontam para âmbitos completamente diversos, e que por ora ainda se perdem nas profundezas da floresta virgem.

---

inexplicável de reencontrar esse homem. Ele se fazia as mais terríveis acusações, as quais tinham quase o caráter de uma coação. Mas, ele jamais conseguia se decidir a presentear esse homem, "ao qual ele ainda devia a vida" com uma grande soma de dinheiro; ele se contentava com uma pequena quantia, a qual lhe enviava anualmente. Por meio da análise chegou-se à conclusão de que todos esses sentimentos eram direcionados ao pai verdadeiro, no qual ele tinha uma fixação com todos os seus sentimentos positivos e negativos. Quando criança ele idolatrava o pai, mas foi muito maltratado pelo pai; mais tarde tornou-se muito ambicioso, envergonhando-se de seus parentes (romance familiar). Assim, o pai tornou-se o pobre pescador, ao qual ele devia sua vida, e o pescador transformou-se no ponto central de seus afetos contraditórios, os quais estavam na verdade direcionados ao pai. Sobre as relações antiquíssimas entre a salvação e a vida, há o testemunho de relações linguísticas que Keller (*Lat. Volksetym* [Etimologia latina popular], 228) estabeleceu para explicar a origem da palavra "Paladion", a qual ele aproximou ao hebráico "palat" [fugir, sair], "peletah" [salvação], e na língua babilônica-assíria "balatu" [permanecer vivo].

Este livro foi impresso pela Gráfica Paym
em fonte Minion Pro sobre papel Holmen Book Cream 70 g/m²
para a Cienbook no verão de 2020.